KOMATÖSE ZUSTÄNDE

VON

PRIVATDOZENT Dr. **VIKTOR KOLLERT**
WIEN

WIEN und BERLIN
VERLAG VON JULIUS SPRINGER
1929

ALLE RECHTE, INSBESONDERE DAS DER ÜBERSETZUNG
IN FREMDE SPRACHEN, VORBEHALTEN
COPYRIGHT 1929 BY JULIUS SPRINGER IN VIENNA

ISBN-13: 978-3-7091-9668-7   e-ISBN-13: 978-3-7091-9915-2
DOI: 10.1007/ 978-3-7091-9915-2

Inhaltsverzeichnis.

	Seite
Koma und komaähnliche Zustände	1
Bedingungen für das Entstehen eines Komas	3
Koma durch exogene Vergiftungen	4
Koma durch Zirkulationsstörungen	8
Koma durch Kohlenoxydgasvergiftung	13
Koma durch akute Infektionen	14
Koma hepaticum	17
Koma uraemicum	21
Koma diabeticum	31
Koma Addisonicum	36
Koma bei Gehirnerkrankungen	37
Schlußbemerkungen	43
Sachverzeichnis	45

Koma und komaähnliche Zustände.

Koma heißt deutsch tiefer Schlaf. Wir bezeichnen mit diesem Worte alle Formen von Bewußtseinsstörung, die so hochgradig sind, daß der Kranke aus ihnen nicht oder nur durch sehr energische Eingriffe erweckt werden kann. Der Ausdruck **Sopor**, die lateinische Übersetzung des griechischen Koma, wird im medizinischen Sprachgebrauch für die etwas weniger tiefen Bewußtseinsverluste verwendet, wobei naturgemäß die Grenzen zwischen beiden Begriffen ganz unscharfe sind. Von **Somnolenz** sprechen wir, wenn der Kranke durch unsere Anrede noch eben erweckbar ist, aber sich selbst überlassen sofort in einen schlafähnlichen Zustand verfällt.

Die genannten **pathologischen** Bewußtseinsstörungen sind durch diffuse Schädigungen des Gehirnes bedingt und scharf vom natürlichen Schlafe und von den schlafähnlichen Zuständen bei der Encephalitis lethargica zu trennen. Der natürliche Schlaf ist ein **physiologischer** Erschöpfungszustand des Zentralnervensystems, der den nervösen Elementen Gelegenheit gibt, sich zu regenerieren. Wird die Möglichkeit einzuschlafen willkürlich gestört, so kommt es zu schweren Erkrankungen, die sogar zum Tode führen können. Dies ist namentlich bei wachsenden Tieren der Fall, die eher Hunger und Durst als Schlaflosigkeit vertragen. Wird ein Mensch durch äußere Momente lange Zeit hindurch am Einschlafen gehindert, so resultiert schließlich eine Schlaftiefe, welche der des pathologischen Komas so nahe kommt, daß eine Unterscheidung im ersten Augenblicke Schwierigkeiten begegnet. Es sei an die Erzählungen über den tiefen Schlaf mancher Frontkämpfer erinnert, die selbst durch das Bersten einer Granate in ihrer Umgebung nicht aufgeweckt wurden. In solchen Fällen weisen naturgemäß auch viele Reflexe gegenüber der „Norm" Abweichungen auf: so sind beispielsweise die Pupillen so eng, daß sie durch Lichteinfall nicht weiter verkleinert werden können.

Beim natürlichen Schlaf kommen zahlreiche Störungen vor; hier interessieren uns nur jene Momente, welche die Schlaftiefe erhöhen, also zu schlafähnlichen Zuständen überleiten, die nicht mehr als ganz physiologisch angesprochen werden können. Es sei hier an den Einfluß der Thyreoidea erinnert: Bei Myxödem, bei manchen Fällen endokriner Fettsucht besteht ein vermehrtes Schlafbedürfnis; auch einzelne Avitaminosen und lange dauernder Hunger erhöhen die Schlafbereitschaft. (Myxödem des Gehirns soll auch Koma erzeugen können.)

Der grundsätzliche Unterschied zwischen den Bewußtseinsstörungen bei Encephalitis lethargica und den komatösen Zuständen liegt nach dem derzeitigen Stande der Kenntnisse darin, daß bei der Enzephalitis lokalisierte Veränderungen im Gehirne die Bewußtseinstrübung bedingen, bei den komatösen Zuständen dagegen mehr diffuse Störungen des Zentralnervensystems vorzuliegen scheinen. Nach den grundlegenden Untersuchungen Economos wird bei der Encephalitis lethargica hauptsächlich die graue Substanz in der Umgebung des dritten Ventrikels und des Aquaeductus Sylvii befallen, eine Gegend, in welche das Schlafzentrum lokalisiert wird.

Scharf zu trennen vom Koma ist weiters der Stupor. Wir verstehen darunter Zustände, bei welchen sich unter der Maske der vollständigen Äußerungs- und Regungslosigkeit ein reiches, oft delirantes Innenleben abspielt. Während ein vom Koma Erwachender über die Zeit der Bewußtseinsstörung erinnerungslos ist, können Kranke, die von einem Stupor genesen, über die durchgemachte Krankheitsperiode ausführlich berichten. Bezüglich der Unterscheidung des Stupors von komatösen Zuständen sei nur daran erinnert, daß beim Stupor häufig der sogenannte katatone Symptomenkomplex besteht, wobei der Kranke entweder Spannungszustände der Muskulatur aufweist oder die Tendenz hat, von anderer Seite erteilte Stellungen durch längere Zeit festzuhalten. Beim Koma dagegen finden wir eine absolute Schlaffheit der Muskulatur und eine passive Körperhaltung.

Endlich sind vom Koma die pathologischen Dämmerzustände abzugrenzen. Bei diesen hat wohl der Kranke ebenso wie im Koma das Erinnerungsvermögen vollständig verloren, aber er verhält sich motorisch nicht wie ein Schlafender, sondern ist im Gegenteile vielfach äußerst aktiv. Hieher gehören zum Beispiel die pathologischen Räusche und die postepileptischen Dämmerzustände, in welchen die Patienten gelegentlich kriminelle Handlungen begehen und die daher nicht nur von medizinischem, sondern auch von juridischem Interesse sind.

Auch die vollkommene Bewußtlosigkeit der Hysterischen, die gewöhnlich mit dem Worte L e t h a r g i e bezeichnet wird, verdient Erwähnung; sie unterscheidet sich vom echten Koma durch ihren schlafähnlichen Charakter, wobei die röchelnde (stertoröse) Atmung, Atmungspausen und Zyanose fehlen. Die hypnotischen Zustände seien hier endlich nur dem Namen nach erwähnt.

Bedingungen für das Entstehen eines Komas.

Die Bedingungen, unter welchen es zum Koma kommt, sind äußerst verschieden; ganz grob können wir sie in mechanische und chemische einteilen. Zu den mechanischen zählt beispielsweise die Kompression des Gehirns durch Tumoren oder durch Ödem, die Zertrümmerung ausgedehnter Hirnpartien durch Blutungen und die Unterbrechung des Blutzustroms zum Zentralnervensystem. Diese Schädigungen führen sekundär auch zu chemischen Störungen der Gehirntätigkeit. Wir brauchen uns nur daran zu erinnern, daß eine vollständige Unterbrechung der Zirkulation durch zehn Minuten genügt, um irreversible Zellveränderungen im Zentralnervensysteme hervorzurufen. Vielfach aber wirken primär chemische Schäden gleichzeitig neben den mechanischen Vorgängen; so können Toxine einerseits das Zentralnervensystem direkt angreifen, andererseits aber auf dem Umwege über eine Störung des Vasomotorenspieles indirekt die Hirntätigkeit modifizieren.

Wenn wir die verschiedenen Krankheiten, die zu Koma führen, vor uns vorüberziehen lassen und uns fragen, wie sie im einzelnen das Zentralnervensystem beeinflussen, so müssen wir gestehen, daß wir die jeweils wirksamen Faktoren nur äußerst ungenau kennen. Eine D i f f e r e n z i e r u n g der Bewußtseinsstörungen nach den auslösenden Bedingungen ist daher noch nicht möglich; wir müssen uns vielmehr begnügen, sie nach den Erkrankungen, bei welchen wir sie beobachten können, zu klassifizieren.

Vielfach paaren sich die schweren Bewußtseinsverluste zeitweise mit Erregungsvorgängen in einzelnen Hirnpartien. Dabei kann die Aufeinanderfolge der Symptome von diagnostischem Interesse sein. Meistens geht der Lähmung die Erregung voraus; bei der Kohlenoxydvergiftung aber ist — wir werden später noch ausführlich darauf hinweisen — die Reihung in charakteristischer Weise umgekehrt.

Koma durch exogene Vergiftungen.

Wir wollen uns nunmehr einzeln mit Erkrankungsformen, bei welchen komatöse Zustände mit großer Regelmäßigkeit vorkommen, beschäftigen und beginnen mit den am leichtesten einer Analyse zugänglichen Bildern, den exogenen Vergiftungen. Eine große Reihe von Giften, die sogenannten Narkotika und Hypnotika, erzeugen in mittleren Dosen einen schlafartigen Zustand, in übermäßiger Menge angewendet Koma. Nicht eine bestimmte chemische Konstitution macht einen Stoff zum schlaferregenden Mittel, sondern sein Verhalten zu den Lipoiden des Gehirns. Die berühmte Theorie von Meyer und Overton nimmt an, daß die Narkose auf der Ansammlung solcher Gifte in den fettartigen Stoffen der Zellen des Zentralnervensystems beruht; der Quotient, nach dem sich ein Mittel auf die Lipoide und das die Zellen umgebende wässerige Medium verteilt, ist dabei von größter Bedeutung: Je mehr es sich an die Fette bindet, desto wirksamer ist es. Es steht anscheinend auch fest, daß die Narkotika ganz allgemein die Eigenschaft haben, den Stoffwechsel der Lipoide wesentlich zu stören. Dies ist für uns deshalb von Bedeutung, weil wir annehmen können, daß endogen entstehende Substanzen, welchen ein analoger Einfluß auf die Lipoide zukommt, ebenfalls zu Narkose und in weiterem Verlaufe zu Koma führen können.

Ähnlich wie diese Narkotika wirken auch die sogenannten Schlafmittel. Im wesentlichen unterscheiden sich die beiden Reihen von Stoffen nur durch den Weg, auf welchem sie in den Körper eindringen und ihn wieder verlassen. Narkotika werden zumeist eingeatmet und durch die Lungen ausgeschieden. Die Hypnotika dagegen führt man oral, rektal oder subkutan zu; sie werden meistens durch den Harn eliminiert oder seltener im Organismus zerstört. Die Beeinflussung des Zentralnervensystems kommt bei den Schlafmitteln in ähnlicher Weise zustande wie bei den Narkosemitteln. Das Studium der Schlafmittel hat gezeigt, daß die einzelnen hiehergehörigen Stoffe im Beginne der Wirkung verschiedene Partien des Zentralnervensystems verändern: bald die Großhirnrinde, bald den Hirnstamm. Mit fortschreitender Vergiftung aber greift die Störung auch auf andere Partien über, so daß schließlich eine diffuse Gehirnschädigung resultiert. In ähnlicher Weise sehen wir auch bei endogenen Vergiftungen eine verschiedene Reihenfolge der klinischen Symptome je nach der Art des Grundleidens.

Das Studium der Narkose, also einer exogenen Komaform, ist auch für die Analyse der endogenen Komaformen (bei Diabetes, Urämie usw.) von Bedeutung. Betrachten wir den Ablauf der Erscheinungen bei einer solchen zum Tode führenden Betäubung, so sehen wir zunächst nur die Wirkung des Stoffes auf das Zentralnervensystem; bald gesellen sich hiezu aber die **Effekte auf das Gefäßsystem**. In dem Augenblicke, in welchem diese eintreten, ist ein gefährlicher Kreis geschlossen, da jede mangelnde Blutversorgung des Gehirns Schädigung des Zentralorganes mit Bildung toxischer Stoffe bedingt; Ähnliches scheint sich manchmal beim Koma diabeticum abzuspielen.

Vielfach wirkt nicht ein Gift allein, sondern der gleichzeitige Einfluß mehrerer schädigender Stoffe führt zum Koma. Bekannt ist diesbezüglich die Ansicht Noordens über das an Sonntagen ausbrechende Koma der Anilinarbeiter; diese Männer waren früher oft gezwungen, sich in einer mit Anilindämpfen erfüllten Luft viele Stunden des Tages hindurch aufzuhalten. Dabei sammelte sich während dieser Zeit eine relativ große Menge des Giftes in ihren Körpern an. Während der Nachtruhe aber kam es bei den Leuten anscheinend zu einer genügenden Giftausscheidung, um das Auftreten einer manifesten Intoxikation zu verhindern; trank nun ein solcher Arbeiter am Samstag abends eine größere Menge Alkohol, führte er also einen zweiten auf die Lipoide des Gehirns wirkenden Körper in den Organismus ein, so wurde die Giftwirkung augenfällig und unter stürmischen Erscheinungen kam es zum Koma. Auch in der Klinik der spontanen Komaformen müssen wir gelegentlich einen solchen Synergismus verschiedener Gifte annehmen. So genügt nach Noorden Vermehrung der Ketonkörper **allein** nicht zur Entstehung des diabetischen Komas; treten aber zur Ketosis Infektionen, eine Narkose, eine Alkoholvergiftung oder ein psychisches Trauma hinzu, dann kommt es zum Zusammenbruche. (In der letzten Zeit sahen wir einen solchen Synergismus: Eine Patientin bekam im Anschlusse an eine Cholangitis Zeichen einer beginnenden Leberinsuffizienz; als sie zu dieser Zeit 0·02 Morphium erhielt, setzte sofort ein Koma ein, dem sie innerhalb 36 Stunden erlag. Die Leber ließ bei der Autopsie die beginnende Atrophie wohl erkennen, doch bestand für uns gar kein Zweifel, daß die Kranke ohne die Morphiumwirkung noch längere Zeit gelebt hätte.)

Wir wollen uns im folgenden der Frage zuwenden, durch welche Momente wir bei einem bewußtlos Aufgefundenen zu der Annahme gelangen können, es handle sich um die Wirkung eines von außen kommenden Giftes. Dabei kann uns zunächst der G e r u c h des Kranken ein guter Führer sein. Wie leicht wird beispielsweise ein Zustand schwerster Besinnungslosigkeit durch das Verhalten der Exhalationsluft als ein A l k o h o l rausch entlarvt! Auch der akute Chloroformismus (Trinken von C h l o r o f o r m aus Selbstmordabsichten oder bei Psychopathen) kann auf analoge Weise erkannt werden. Andererseits kann das zufällige Vorhandensein von Chloroform bei einem Komatösen unter Umständen allerdings auch irreleiten; so erlebte ich vor Jahren folgenden Fall: Ein Arzt wurde von seinem Diener morgens bewußtlos im Bette aufgefunden. Als ich ihn unmittelbar darauf sah, hatte er vor der Nase einen in Chloroform getauchten Wattebausch, so daß die Diagnose einer willkürlich herbeigeführten Vergiftung nahelag. Bei der klinischen Untersuchung des komatös Daliegenden fand ich aber einen Hochdruck sowie die Zeichen einer Hemiparese mit positivem Babinski; daher glaubte ich den Fall in der Weise deuten zu sollen, daß der Kranke — es war in der ersten Kriegszeit im Felde — einen präapoplektischen Kopfschmerz hatte, in seiner Verzweiflung sich durch Chloroform Linderung verschaffen wollte und in dieser Situation vom Koma überrascht wurde. Der Kranke erwachte nach zwei Tagen aus der Bewußtlosigkeit und gab tatsächlich eine analoge Schilderung; er hatte bereits früher mehrere kleine Insulte erlitten. Die Verwertung des Chloroformgeruches für die Diagnose kommt nur bei den akuten Chloroformvergiftungen in Betracht. Die nach wiederholten schweren Narkosen gelegentlich zu beobachtenden chronischen Chloroformschädigungen, welche durch Auslösung akuter gelber Leberatrophie zu Koma führen können, sind durch das Verhalten der Atmungsluft nicht erkennbar.

Hier wäre auch der B l a u s ä u r e vergiftung zu gedenken, bei der die Exspirationsluft ebenfalls einen charakteristischen Geruch, und zwar nach bitteren Mandeln hat. Bei der Blausäurevergiftung steht uns aber, ganz abgesehen von der chemischen Untersuchungsmethode, noch ein zweiter diagnostischer Weg offen: die I n s p e k t i o n. Das Zyan hemmt die innere Atmung der Gewebe; daher kann das arterielle Blut seinen Sauerstoff nicht an die Gewebe abgeben und so behält auch das in den Venen kreisende Blut das helle Aussehen; deshalb haben diese Kranken keine Zyanose, auch wenn die Hypotonie hochgradig wird. Ist die aufgenommene Giftmenge sehr groß, so tritt der Tod innerhalb weniger Sekunden ein, so daß ein charakteristischer Symptomenablauf überhaupt nicht zu erkennen ist. Das paralytische Stadium der Blausäurevergiftung, das allein gegenüber anderen komatösen Zuständen in Differentialdiagnose kommt, entsteht dagegen nur bei protahierterem Verlauf der Intoxikation; dabei entwickelt sich zunächst eine lokale Reizwirkung auf die äußeren Schleimhäute und die oberen Luftwege, sowie Angstgefühle; dann folgen Konvulsionen und endlich das paralytisch-komatöse Zustandsbild. Jetzt ist die Atmung oberflächlich, der Blutdruck infolge Lähmung des Vasomotorenzentrums niedrig. Die Dauer dieser Veränderungen ist meistens nur kurz: Entweder tritt rasch wieder Erholung ein oder der Kranke stirbt. Wir haben diese Form der Intoxikation etwas ausführlicher besprochen, da derartige Vergiftungsfälle in der letzten Zeit häufiger vorkommen, seitdem die Blausäure vielfach zur Ungeziefervertilgung verwendet wird. Leider ist es uns noch nicht möglich, die Aufhebung der inneren Atmung der Gewebe therapeutisch zu beeinflussen.

Die eingehendere Besichtigung des Kranken führt auch bei anderen Komaformen zur richtigen Diagnose. So finden wir in den terminalen Stadien der S u b l i m a t vergiftung eine Stomatitis mercurialis. Das Zahnfleisch ist bei dieser geschwollen, bläulich verfärbt, leicht blutend und aufgelockert. Weiters können flache, scharfrandige, graubelegte Geschwüre in der Mundhöhle sichtbar sein. Die Zungenschleimhaut ist weiß und geschrumpft, die Papillen an der Basis sind vergrößert. Auch die B l e i vergiftung kann als auslösender Faktor einer Bewußtlosigkeit in Erwägung kommen, und zwar in Form der Encephalopathia saturnina. Bei dieser unterscheiden wir einen deliranten, einen konvulsiven und einen komatösen Typus. Der komatöse Typus ist aber nicht immer durch Krämpfe der Gehirngefäße, wie sie der Encephalopathie entsprechen, bedingt, sondern er entsteht auch infolge von Arteriosclerosis cerebri und von Urämie im Anschlusse an eine arteriolosklerotische Schrumpfniere. Die beiden letztgenannten Erkrankungsformen (Arteriosclerosis cerebri und arteriolosklerotische Schrumpfniere) können ebenfalls durch die Metallvergiftung ausgelöst oder mindestens in ihrer Entwicklung gefördert werden. Bei diesen Kranken nun vermag uns die Inspektion häufig in der ätiologischen Diagnose weiterzuhelfen. Zunächst hat die Haut oft ein charakteristisches Aussehen, das sogenannte Bleikolorit: Sie ist fahl, grau mit einem gelblichen, subikterischen Stich. Die Patienten sind meistens mager, haben infolge der Anämie blasse Lippen und auffällige Faltenbildung im Gesicht; das Zahnfleisch zeigt einen charakteristischen Bleisaum, eine graue bis blauschwarze, durch Bleisulfit bedingte Verfärbung, besonders im Bereiche der Vorderzähne, von etwa 1 bis 2 Millimeter Breite. Weiters sei die Chromsäurevergiftung erwähnt, bei der es zu schwersten Ätzwirkungen an den Schleimhäuten mit ihren Folgeerscheinungen bis zu Koma und Tod kommen kann. Charakteristisch sind dabei die gelben oder rotgelben, gelegentlich auch grünlichen Schorfe.

Es muß endlich auch der Salzsäurevergiftung gedacht werden; sie hat deshalb ein theoretisches Interesse für das hier besprochene Problem, weil Walter mit ihr ein dem diabetischen Koma analoges Krankheitsbild zu erzielen glaubte. Diese Ansicht war dann eine der Stützen der Stadelmanschen Hypothese, welcher meinte, daß das Wesen des diabetischen Komas in einer durch Ketonkörper bedingten Ansäuerung des Organismus liege. Bei der Salzsäurewirkung ist die rein lokale Ätzwirkung von der resorptiven zu trennen. Nur die resorptive Wirkung steht hier in Frage. Gelangen sehr große Säuremassen in den Kreislauf, so kommt es durch Eiweißkoagulation zum sofortigen Tod. Für uns ist die Wirkung kleinerer Mengen von Bedeutung; diese führen zu einer Neutralisierung der Blut- und Gewebsalkalien, was wieder einen deletären Einfluß auf die nervösen Apparate, besonders auf die Vasomotoren und das Atemzentrum hat. Diese Schädigung der Gefäße bewirkt nun das kollapsartige Bild der Salzsäurevergiftung, welches Walter zur Analogisierung mit dem diabetischen Koma führte. Nur insoweit als dem diabetischen Koma ebenfalls solche Veränderungen zugrunde liegen, ist der Parallelismus berechtigt.

Koma durch Zirkulationsstörungen.

Auch Zirkulationsstörungen können einen soporösen oder einen komatösen Zustand hervorrufen. Dabei können das Herz, das Blut, das gesamte Gefäßsystem oder speziell die zum Kopf führenden Arterien, endlich die Gehirngefäße selbst das primär erkrankte Gebiet sein. Als erstes Beispiel einer tiefen Bewußtseinsstörung infolge primärer Herzerkrankung diene der **Adam-Stokessche Symptomenkomplex**. Diese Störung entsteht durch völlige Unterbrechung der den Ablauf der Herzkontraktionen regulierenden Reizleitung, so daß die vom Sinusknoten — der an der Einmündung der oberen Hohlvene in den rechten Vorhof liegt — stammenden Impulse nicht auf die Ventrikel übergeleitet werden. Dadurch kommt es zu einem Stillstand der Ventrikel und zu plötzlich auftretender Gehirnanämie; diese äußert sich in Bewußtseinsverlust, der manchmal von epileptiformen Krämpfen begleitet ist; Puls und Atmung schwinden. In einem solchen Zustande gleicht der Kranke einem Toten. Meistens dauert das Sistieren der Ventrikeltätigkeit aber nur ganz kurz und es folgt dem vollständigen Herzstillstande eine Periode von auffällig langsamen Kontraktionen oft um 30 herum, manchmal aber nur 12 in der Minute. Hierauf kehrt bei dem Kranken meistens langsam das Bewußtsein wieder und die Atmung setzt ein. Eine derartige Unterbrechung der Reizleitung am Herzen kann durch bindegewebige Schwielen, anämische Nekrosen, Gummen, Tumoren usw. im Leitungsbündel oder in dessen unmittelbarer Umgebung bedingt sein. Wir sehen hier also einen komaähnlichen Zustand in dem Augenblicke entstehen, in dem das Herz kein oder nur wenig Blut in die Gehirngefäße wirft. Die gleichen Veränderungen treten naturgemäß auch auf, wenn dem Herzen vom Gehirne der Befehl erteilt wird, äußerst langsam zu arbeiten, ohne daß das Überleitungssystem als solches erkrankt ist. In diesen Fällen sprechen wir von dem **Morgagnischen Typus** des Adam-Stokesschen Symptomenkomplexes. Dabei handelt es sich vorwiegend um Herde in der Brücke oder im verlängerten Mark, die eine Vagusreizung bewirken. Auch Erkrankungen der peripheren Teile des Vagus können gelegentlich ein analoges klinisches Bild hervorrufen. Ist ein solcher Erregungszustand Ursache der Erscheinungen, so schwindet die Bradykardie durch Lähmung des Nerven. Dazu genügt meistens die subkutane Injektion von 1 Milligramm Atropinum sulfuricum. In ähnlicher Weise führen **gehäufte Extrasystolen**, Anfälle von **paroxysmaler Tachykardie**, ja selbst der **Valsalvasche Versuch** (Anspannung der Exspirationsmuskulatur bei geschlossener Glottis) bei labilem Vasomotorensystem zu vorübergehender Bewußtlosigkeit.

Da es vor Eintritt des Todes in der Mehrzahl der Fälle zu schweren Störungen der Herztätigkeit und des Vasomotorenspieles und damit zu sekundärer Beeinträchtigung der Gehirnzirkulation kommt, ist ein komatöser Zustand präagonal ein fast gesetzmäßiges Ereignis. Betrachten wir dabei mit dem Hautmikroskop das Verhalten der Kapillaren, so sehen wir, daß das Blut zunächst die oberflächlichen Haargefäßchen verläßt, so daß diese unserem Blicke schwinden. Nun strömt das Blut in die tieferen venösen Plexus, entleert sich schließlich auch aus diesen und sammelt sich, der Schwere folgend, in den tiefstgelegenen Gefäßnetzen an, die es stark erweitert. Hier bilden sich dann die sogenannten Totenflecke. In dem Augenblicke, in dem das Blut nicht mehr dem Impulse des Herzens, sondern nur mehr den Gesetzen der Schwerkraft folgt, erlahmt auch die Gehirntätigkeit.

Es scheint uns angezeigt, an dieser Stelle, die pathogenetischen Bedingungen jener Form von akuter Bewußtseinsstörungen zu erörtern, welche mit dem Kollaps verbunden ist; denn die gleichen Momente können auch als eine Teilerscheinung der klassischen Formen des Komas angetroffen werden. Seit Romberg wissen wir, daß beim Kollaps eine Vasomotorenschwäche besteht, unter deren Wirkung sich das Blut in der Weise verschiebt, daß es im Splanchnikusgebiet gestaut ist, während dem Herzen und Gehirne davon zu wenig zur Verfügung steht. So kommt es zum Sinken des Blutdrucks, zum Kleinwerden des Pulses, zu Tachykardie, Blässe und Zyanose, zu Temperaturabfall und zum Ausbruch von kaltem Schweiß. Wird dieser Zustand nicht in kurzer Zeit behoben, so stirbt der Kranke. Gegenüber ähnlichen Störungen, wie sie infolge von Herzschwäche eintreten, ist, wie Eppinger und Schürmeyer in einer Studie über das Wesen des Kollapses hervorheben, das Verhalten der Venen als differentialdiagnostisches Moment von Bedeutung: Bei Herzschwäche sind die Venen fast immer weit und geschwollen, beim Kollaps dagegen leer. Die beiden genannten Autoren gingen bei ihren Untersuchungen von dem Gedanken aus, daß nur ein Teil des gesamten Blutes dauernd zirkuliere, ein anderer dagegen in bestimmten Depots (Milz, Hautplexus, Splanchnikusgebiet) gestaut sei und bloß unter gewissen Bedingungen dem Organismus zur Verfügung steht. Es zeigte sich nun, daß beim Kollapse, beim Verbrennungschok und beim Koma diabeticum die zirkulierende Blutmenge gegenüber der Norm wesentlich herabgesetzt ist, beispielsweise war sie in einem Falle schwerer Verbrennung weit unter die Hälfte des Wertes beim Gesunden gesunken.

Diese Beobachtungen sind deshalb für unser Thema von Bedeutung, weil man seit langem (Frerichs) auf die Zirkulationsstörungen beim Koma diabeticum aufmerksam geworden ist. Lépine versuchte sogar von der klassischen Form des Komas einen kardiovaskulären Typus abzutrennen, ein Vorgehen, das jedoch nicht allgemeine Anerkennung gefunden hat. Diese Betrachtungen haben aber in der letzten Zeit dadurch an praktischem Wert gewonnen, daß nicht selten Zuckerkranke durch Insulin wohl aus dem Zustande der Bewußtlosigkeit herausgerissen werden, kurze Zeit darauf aber unter dem Bilde einer schweren Gefäßlähmung zugrunde gehen. Bei solchen Kranken zeigen sich vielfach schon vor dem Auftreten des Komas Ödeme als Ausdruck der Kreislaufstörung, auch klagen diese Patienten meistens über Druckgefühl in der Brust und über starke Müdigkeit.

Zwei Fragen scheinen hier näherer Erörterung bedürftig, da sie für die richtige Behandlung dieser Zustände von ausschlaggebender Bedeutung sind: Wo ist der Sitz dieser Kreislaufstörung und welche Symptome des klassischen Koma diabeticum hängen mit ihr zusammen?

Als Krankheitszentrum hat man dabei bald das Herz, bald das periphere Gefäßsystem angesehen. Ob überhaupt ein primäres kardiales Leiden, etwa im Sinne von Lorant eine Insuffizienz der Kohlehydratfunktion des Herzmuskels, vorhanden ist, kann heute noch nicht entschieden werden. Sicher aber ist es, daß der gesamte Symptomenkomplex durch Digitalispräparate nur äußerst selten gebessert wird und daß morphologische Veränderungen am Myokard meistens völlig fehlen. Vieles spricht aber dafür, daß die wesentlichen Störungen in den kleinen Gefäßen statthaben. Neergard betont in dieser Hinsicht, daß bei primärer Herzschwäche, die mit einem kleinen frequenten Pulse einhergeht, stets Zyanose vorhanden sei, beim reinen (unkomplizierten) Koma diabeticum aber vielfach eine abnorme arterielle (ziegelrote) Rötung („Rubeose" Noordens); diese Rötung entspricht nach Weiß einer starken Erweiterung des Überganges zwischen dem arteriellen und dem venösen Schenkel der Kapillaren, einer Parese, die zu niedrigem Kapillardrucke führt. Neergard stellt sich vor, daß der mangelhafte Tonus der Arteriolen und Kapillaren die Blutdrucksenkung bewirkt. Damit steht auch die früher erörterte Verminderung der zirkulierenden Blutmenge in Einklang, sowie die Wirksamkeit aller derjenigen Maßnahmen, welche diese erhöhen und die Arteriolen kontrahieren. Man entspricht beiden Anforderungen am zweckmäßigsten durch intravenöse Zufuhr physiologischer Kochsalzlösung (0·9 %), besonders mit Zusatz einer kleinen Menge von Adrenalin (1 bis 2 Tropfen der 1 %oigen Lösung auf einen Liter). Lorant geht so weit, den in früheren Jahren vielfach diskutierten und gelobten Einfluß intravenöser Natriumbikarbonatlösungen nicht auf das Alkali, sondern auf das gleichzeitig injizierte Lösungswasser zu beziehen. Neben den erwähnten Infusionen sind noch Strychnin, Hexeton, Koffein, Kampfer empfehlenswert.

Wenden wir uns nun der zweiten Frage zu: Welche klinische Erscheinungen des Koma diabeticum hängen mit der Kreislaufstörung zusammen? Dabei müssen wir uns erinnern, daß als Hauptsymptome die typische Störung des Bewußtseins und die später noch genauer zu analysierende sogenannte große oder Kußmaulsche Atmung gelten; ihnen gliedern sich an: Durchfälle, weicher und frequenter Puls, Druck auf der Brust, verminderte Spannung der Augäpfel, hohe Blutzuckerwerte. Die meisten Autoren halten auch die Vermehrung der Ketonkörper im Harne und Blute für ein wesentliches Zeichen. H. Strauß trennt das Präkoma vom Vollkoma und versteht unter Präkoma Fälle von fortgeschrittenem Diabetes mit Azidose, mehr oder weniger deutlicher Kußmaulscher Atmung, Exsikkation und Beeinträchtigung der Zirkulation, aber ohne ausgesprochenen Sopor und ohne stärkere Hypotonie der Bulbi. Bei der Analyse des Zusammenhanges dieser Symptome mit der Kreislaufstörung ist zunächst zu betonen, daß sich die Bewußtseinsstörung anscheinend auf alle Eingriffe, welche den Blutdruck erhöhen, bessert (Lorant). Dieter sowie Neergard fanden auch einen strengen Parallelismus zwischen Blut- und Bulbusdruck; man muß daher wohl annehmen, daß die vielgeprüfte Hypotonie der Bulbi nichts anderes ist, als ein Ausdruck des niederen Kapillardrucks. Die angeführten Zusammenhänge sind deshalb von praktischem Werte, weil sie zeigen, daß man sich bei Vorhandensein der angeführten klinischen Zeichen bei der Behandlung nicht auf die Wirkung des Insulins verlassen darf, sondern daß man auch die Herabsetzung der zirkulierenden Blutmenge durch Kochsalzinfusion energisch bekämpfen muß.

Koma durch Kohlenoxydvergiftung.

Wir haben uns in den vorausgehenden Abschnitten mit komatösen Zuständen beschäftigt, die durch das Versagen des Herz-Gefäß-Apparates zustande kommen, und wollen uns nun jenen zuwenden, die auftreten, wenn das Blut seinen Sauerstoff nicht an die Gewebe abgeben kann. Ein derartiges Beispiel, die Zyanvergiftung, wurde bereits erörtert; bei ihr liegt die Störung in der durch die Vergiftung aufgehobenen Atemtätigkeit der Zellen. Naturgemäß setzt ein fast analoger Zustand ein, wenn die Sauerstoffbindung in den Erythrozyten ihren normalen labilen Charakter verliert und nunmehr der Sauerstoff starr festgehalten wird. Dies sehen wir beispielsweise bei der **Kohlenoxydvergiftung**, bei welcher sich das Kohlenoxydhämoglobin bildet. Ein Teil der Symptome entsteht dabei allerdings auch im Anschluß an direkte Hirnveränderungen (Enzephalitis und Blutungen im Corpus striatum), wobei sich die Konsequenzen des generellen Sauerstoffmangels (in den Geweben) und der lokalisierten Schädigung (im Gehirne) kaum trennen lassen. Es kommt zu Kopfschmerzen, Krampf der kleinen Gefäße, Schwindel; bald gesellen sich Atembeklemmung, Gliederschmerzen, Übelkeit, Erbrechen, endlich ein Gefühl von Ohnmacht und Betäubung hinzu. Schwindet das Bewußtsein, so erschlaffen die Glieder, die Gefäße erweitern sich und das Gesicht nimmt eine hell- bis bläulichrote Verfärbung an. In diesem Stadium finden sich gelegentlich Muskelspannungen, ja sogar klonisch-tonische Krämpfe, die auch stundenlang anhalten können. Endlich sehen wir Zeichen der allgemeinen zentralen Lähmung, wobei besonders das Atemzentrum beeinflußt wird: Dyspnoe, flache, krampfhafte Atmung stellen sich ein. Die Respirationsschwäche führt schließlich zum Tode. Wird der Kranke aber im Stadium der Bewußtlosigkeit in die frische Luft gebracht, so kann das Koma noch tagelang anhalten; in manchen Fällen tritt schließlich doch der letale Ausgang ein. In anderen Fällen kommt es zu schweren Nachkrankheiten, die besonders das Zentralnervensystem betreffen (beispielsweise Einschränkung der psychischen Persönlichkeit).

Der Einfluß von Veränderungen der Gehirngefäße selbst auf das Zustandekommen komatöser Zustände soll an einer späteren Stelle erörtert werden.

Koma durch akute Infektionen.

Wir wollen uns zunächst der Frage über die Beziehungen von K o m a und a k u t e n I n f e k t i o n s k r a n k h e i t e n zuwenden. Es gibt ja eine Reihe von Infekten, bei welchen schon der Name des Leidens auf die Häufigkeit von Störungen des Bewußtseins hindeutet. Hieher gehört das Wort τυφος, deutsch Nebel, Rauch, als Hinweis auf die erschwerte Denkfähigkeit, weiters die Bezeichnung Schlafkrankheit für die Trypanosomiasis. Das Wort Typhus wird für drei wesensverschiedene Erkrankungen verwendet, den Typhus abdominalis, den Paratyphus und den Typhus exanthematicus. Wodurch sind nun die Benommenheitszustände bei diesen Erkrankungen charakterisiert und wie unterscheiden sich die einzelnen Krankheitsbilder?

Beim T y p h u s a b d o m i n a l i s, der früher oft Nervenfieber genannt wurde, spielen nervöse Symptome bereits im Stadium des Anstiegs in Form von psychischer Depression und dauernden Kopfschmerzen eine Rolle; zu dieser Zeit besteht eine charakteristische Schlaflosigkeit. Auf der Höhe der Erkrankung nimmt die Desorientiertheit zu, der Patient wird somnolent; wohl antwortet er noch auf Fragen, aber er hat das Gefühl für unangenehme Sensationen verloren, klagt nicht mehr, sondern versinkt — sich selbst überlassen — sofort in seinen Dämmerzustand. Manchmal kommt es dabei zu Delirien und so sind Unfälle und Selbstmorde in diesem Zustande nicht gar so selten. Nur relativ selten besteht eine so tiefe Benommenheit, daß wir von einem wirklichen Koma sprechen können. Bezüglich der Ursache dieser zerebralen Störungen ist zunächst zu betonen, daß sie wohl im großen und ganzen der Fieberhöhe parallel gehen, daß eine strenge Abhängigkeit von der Temperatursteigerung aber abzulehnen ist. So beobachtete ich beispielsweise auf der Klinik Widal durch längere Zeit ein Mädchen, das während der ganzen Erkrankung vollkommen fieberfrei war und dennoch schwere Benommenheit zeigte. Pathologisch-anatomisch lassen sich am Zentralnervensysteme verschiedene Abweichungen nachweisen; meistens bestehen diffuse Ganglienzellveränderungen, selten sind Abszesse mit Typhusbazillen in Reinkultur; weiters sind degenerative Prozesse, die auch zu hämorrhagischer Erweichung führen können, erwähnenswert. Man vergesse auch bei Benommenheit eines Typhösen niemals, nach Meningitis zu fahnden; diese kommt in der Regel in der dritten Woche oder am Ende der Fieberperiode zustande. In manchen Fällen findet sich bei der Obduktion eine eitrige Exsudation, in anderen dagegen nur eine starke Blutfülle der Gehirnhäute mit kleinzelliger Infiltration längs der Gefäße. Ausnahmsweise treten auch meningeale Blutungen auf. Die Gehirnentzündung kann, was praktisch von einiger Bedeutung ist, von einer typhösen Otitis media ihren Ausgang nehmen. Die Schwierigkeit, einen solchen komatösen Zustand als typhösen Ursprungs zu erkennen, ist auf der Höhe der Erkrankung meistens nicht allzu groß. Man findet die mit der gesteigerten Temperatur in Kontrast stehende relative Bradykardie, Dikrotie des Pulses, diffuse Bronchitis, weichen Milztumor, Diarrhöen, manchmal auch Darmblutungen, Roseolen, Ileocoecalgurren. Diese Symptome geben in ihrer Gesamtheit gewöhnlich einen genügend verläßlichen Führer für die Diagnose; sie wird noch gestützt durch die bakteriologischen (Agglutination, Keimzüchtung aus Blut, Harn, Stuhl) und chemischen (positive Diazo- und Urochromogenreaktion) Befunde, sowie durch das Blutbild (Lymphozytose bei Leukopenie). Die Paratyphen haben für unsere Besprechung eine geringere Wichtigkeit, weil bei ihnen schwere zerebrale Symptome vom komatösen Typus selten sind. Das Fleckfieber, der Typhus exanthematicus, verläuft dagegen häufig mit einer viele Tage lang dauernden schwersten Allgemeinstörung, die auf den ersten Blick ein komaähnlicher Zustand zu sein scheint. Die genauere klinische Analyse zeigt aber tiefgehende Unterschiede gegen einen solchen. Das Bild, welches diese Kranken auf der Höhe des Leidens bieten, ist ganz eigenartig. Sie liegen regungslos da, das Gesicht ist oft eingefallen, grau, zyanotisch und zeigt häufig einen eigentümlichen schmerzhaften Zug, der durch eine Spannung der Gesichtsmuskulatur bedingt ist. Die Haut ist trocken und stark abgemagert, die Atmung so oberflächlich, daß man bei flüchtiger Betrachtung nicht sofort weiß, ob der Kranke überhaupt noch am Leben ist. Dabei ist der Patient auch in diesem Zustande höchster Schwäche bis zu einem gewissen Grade orientiert, denn er blickt auf Aufforderung noch den Arzt an, ist sogar oft imstande, einen Wunsch zu äußern. Während also beim Koma die Lähmung des Kortex und Subkortex dem Gesamtbilde ihren Stempel aufdrückt, steht hier eine so enorme Schwäche im Vordergrunde, daß ein zentrales Versagen vorgetäuscht wird; vollkommen unbeteiligt ist das Gehirn aber auch beim Fleckfieber selbstverständlich nicht; das erweist auch die histologische Untersuchung post mortem.

Auch bei der wichtigsten Form von Trypanosomiasis, der afrikanischen Schlafkrankheit, kann von einem echten Koma nur ganz terminal die Rede sein. Die aufs äußerste abgemagerten Kranken schlafen in den ungeeignetsten Stellungen, wobei alle Reflexe und Begierden erloschen sind. Trotzdem lassen sie sich bis in das Endstadium hinein vorübergehend wecken.

Es würde zu weit führen, alle Infektionskrankheiten aufzuzählen, welche zu komatösen Bildern führen können; im Terminalstadium bestehen sie fast stets, aber auch präterminal sind sie nicht selten zu finden; es sei nur der schweren Dysenterien, der Miliartuberkulose, der verschiedenen Meningitiden gedacht. Ein etwas eingehenderes Interesse beansprucht die sogenannte Malaria comatosa, da sie therapeutisch eine gewisse Sonderstellung einnimmt; man versteht unter diesem Ausdrucke eine Verlaufsart der Malaria tropica, bei welcher der Kranke das Bewußtsein vollkommen verloren hat und die Reflexe erloschen sind. Nicht selten sind gleichzeitig Erscheinungen, die an Meningitis mahnen, wie Nackensteifigkeit, Trismus, Deviatio bulborum. Dazu gesellen sich Cheyne-Stokessches Atmen, Singultus, Lungenödem. Die Symptome beruhen auf einer schweren Schädigung des Zentralnervensystems. Die Parasiten des Tropikafiebers haben nämlich die Eigentümlichkeit, an den Wandungen der feinsten Kapillaren des Gehirns zu haften. Manchmal ist das ganze Lumen der Gefäße mit Pigmentschollen und Parasiten erfüllt, auch speichern ihre Endothelien das Pigment in hervorragendem Maße. Diese mechanische Verstopfung der Gehirnkapillaren ist für die Entstehung der komatösen Form wohl ausschlaggebend oder spielt zum mindesten eine große Rolle. Die Behandlung dieser Form des Wechselfiebers kann nur durch intravenöse Chiningaben erfolgen; man gibt entweder Chininum hydrochloricum (0·5) allein oder noch besser in Kombination mit Urethan (0·25); zweckmäßig löst man die Mittel in 50·0 Wasser, um Kollapse zu vermeiden; die Injektion ist sehr langsam zu machen; auch gehe man nicht über 0·5 Chinin hinaus. Diese Art der Behandlung hat häufig einen lebensrettenden Einfluß. Fortgesetzt wird sie am besten durch intramuskuläre Injektionen von 0·5 bis 1·0 Chininum hydrochloricum in der fünffachen Menge Wassers. Zur Verbesserung der Löslichkeit kann man auch hier Urethan (halb soviel wie Chinin) hinzufügen. Diese intramuskulären Injektionen werden jeden zweiten Tag ausgeführt.

Die nächste Gruppe von Komafällen umfaßt Formen, die durch das Versagen der Funktionen eines lebenswichtigen Organes charakterisiert sind. Wenn wir dabei zunächst von den primären Veränderungen des Zentralnervensystems absehen, so sind hauptsächlich das Coma hepaticum, renale, diabeticum und addisonicum hieher zu zählen. An die genannten Formen denkt man zuerst, wenn das Wort Koma gebraucht wird; wir möchten sie daher als die klassischen Typen bezeichnen.

Koma hepaticum.

Das L e b e r k o m a wurde besonders bei der akuten gelben Leberatrophie studiert. Die Leberatrophie beginnt häufig zunächst wie ein harmloser Icterus catarrhalis, bald aber setzen Erscheinungen ein, welche zu Bedenken Anlaß geben. Der Kranke klagt über intensiven Kopfschmerz und Müdigkeitsgefühl, verliert vollkommen seinen Appetit, erbricht alles; die Temperatur sinkt (häufig nach initialer Steigerung) auf subnormale Werte, der Puls verlangsamt sich zunächst, wird aber bald rasch und erreicht bei voll ausgeprägter Vergiftung nicht selten 120, aber auch 140 Schläge in der Minute; dabei ist er weich und leicht unterdrückbar. Nun zeigen sich deutliche psychische Veränderungen. Die Patienten sind bald leicht apathisch, bald dagegen unruhig; bei Ikterischen spricht man unter solchen Umständen von H e p a t a r g i e. Allmählich treten die Bewußtseinsstörungen immer mehr in den Vordergrund; zwischen Perioden völliger Bewußtlosigkeit schieben sich Zeiten mit starker Übererregtheit. Delirien, die sich zu Schreien und Brüllen steigern können, führen die Kranken nicht selten zunächst in psychiatrische Beobachtung. Aber auch bei ruhigem Verhalten sind nunmehr einzelne Zeichen von Übererregbarkeit erkennbar: Man sieht entweder Muskelzuckungen einzelner Körperpartien oder ausgedehnte klonische Krämpfe. Der bei hepataler Insuffizienz vorhandene eigentümliche Geruch („Erdgeruch") aus dem Munde wird nunmehr immer ausgeprägter. Nun sind auch flächenartige subkutane Blutungen, Haematemesis und Melaena als Zeichen parenchymatöser Magen-Darmblutungen nicht selten. Die anfänglich normal große oder vergrößerte Leber wird mit Fortschreiten des Leidens zunächst auffällig weich, so daß der Fingerdruck bestehen bleiben kann. Palpation und Perkussion zeigen, daß sich das Organ jetzt rasch verkleinert. Als äußeres Zeichen des Schwundes des linken Lappens ist das Epigastrium eingesunken. Durch den häufigen Meteorismus, welchen die fast stets vorhandene schwere Obstipation fördert, wird die Leberdämpfung noch mehr verdeckt; sie kann in den Endstadien ganz schmal werden, ja sogar gelegentsich (besonders wenn starker Meteorismus die Leber durch Aufwärtsdrehung in die sogenannte Kantenstellung bringt) vollkommen schwinden. Die Pupillen sind nunmehr weit und reagieren kaum auf Licht; die Bewußtlosigkeit ist vollkommen, so daß Harn und Stuhl unter sich gelassen werden. Die Atmung ist beschleunigt, oft tief und geräuschvoll (stertorös), manchmal unregelmäßig, eine wesentliche Frequenzsteigerung tritt namentlich bei gleichzeitig terminaler Bronchopneumonie in Erscheinung.

Nicht immer ist die Entwicklung dieser Erscheinungen in der geschilderten Weise rasch fortschreitend; manchmal kommt der Leberprozeß zum Stillstand, ja sogar zur vorübergehenden Besserung. Man kennt sogar Fälle von chronischer Leberdystrophie, die unter Zirrhosebildung ausheilen. Ist jedoch einmal ein schweres Koma eingetreten, so wird die Erholung des Organs wohl äußerst unwahrscheinlich.

Neben den geschilderten Symptomen gibt uns auch die Untersuchung des Harnes und Blutes wichtige Hinweise auf die Schwere des Zustandes. Die Harnmenge ist entweder normal oder etwas vermindert, das spezifische Gewicht leicht erhöht. Der Urin enthält Gallenfarbstoff, Urobilin, reichlich Ammoniak, aber wenig Harnstoff, fast stets Leuzin und Tyrosin. Das Vorhandensein der beiden letztgenannten Körper zeigt wohl immer den Bestand einer relativ schweren Leberschädigung an, ist aber allein noch nicht das Zeichen einer akuten gelben Leberatrophie. Azeton fehlt. Manchmal besteht eine leichte Glykosurie, regelmäßig eine mäßige Albuminurie, vielfach begleitet von starker Zylindrurie; dabei haben die Zylinder durch den Gallenfarbstoff ein gelbliches Aussehen gewonnen. Im Blute findet sich eine mäßige Leukozytose, gelegentlich Thrombopenie (Blutplättchenverminderung), besonders beim Bestehen einer hämorrhagischen Diathese.

Das hier geschilderte Bild des Koma hepaticum entspricht einem schweren, manchmal fast absoluten Schwunde der Leber mit Insuffizienz ihrer Funktionen. Es hat verschiedene Ursachen. Dabei sei zunächst daran erinnert, daß die L u e s für die Ätiologie der akuten Atrophie eine große Rolle spielt, besonders wenn sie sich mit einer zweiten Noxe, zum Beispiel **S c h w a n g e r s c h a f t** oder **U n t e r e r n ä h r u n g** paart. Auch das **S a l v a r s a n** wird vielfach als unterstützendes oder auslösendes Moment angeschuldigt. Weiters kommen Vergiftungen in Betracht; hier sind in erster Linie Schädigungen durch **P i l z e** zu nennen, wobei besonders der Knollenblätterschwamm zu erwähnen ist; auch der **P h o s p h o r v e r g i f t u n g** muß gedacht werden, die in früheren Jahren, als die Zündhölzchen noch aus dem giftigen kristallinischen, weißen oder gelben Phosphor gemacht und vielfach zu Fruchtabtreibungen und zu Selbstmordzwecken benützt wurden, besonders häufig war. Das durch sie bedingte klinische Bild zeichnete sich gegenüber den meisten Fällen akuter gelber Leberatrophie unbekannter Genese dadurch aus, daß die Initialperiode mit vergrößerter, relativ weicher Leber und mit Ikterus relativ lange dauerte und meistens erst terminal plötzlich die vollständige Organinsuffizienz auftrat. Auch bei **a l k o h o l i s c h e r L e b e r z i r r h o s e** entwickelt sich gelegentlich, — meistens terminal — nach Eppinger in 7% aller derartigen Fälle — ein komatöser Zustand, manchmal in akuter Weise. Wahrscheinlich ist dieser durch das Hinzutreten einer zweiten Schädigung bedingt, zum Beispiel einer Gastroenteritis anderer Ätiologie, welcher das bereits schwer veränderte Organ nicht mehr gewachsen ist. Es ist von diagnostischem Interesse, daß in solchen Fällen ein Koma auch ohne gleichzeitigen Ikterus auftreten kann. Gelegentlich kommt es auch nach Leberoperationen zum Zusammenbruche der Organfunktionen; dabei kann ein Teil der Schuld schon die Chloroformnarkose als solche treffen, weshalb es sich empfiehlt, Ikterische nur mit Äther zu betäuben, dem entweder keine oder wenigstens eine bedeutend geringere Toxizität gegenüber der Leber innewohnen dürfte.

Die therapeutischen Maßnahmen, welche bei Leberkoma anzuwenden sind, sind von großem Interesse, da es bei ihrer zweckmäßigen Durchführung und bei noch nicht zu weit vorgeschrittener Organdekompensation gelegentlich gelingt, Patienten zu retten.

Liegt vermutlich eine Intoxikation durch Nahrungsmittel vor, so führe man zunächst eine energische Reinigung des Darmtraktes durch und versuche, die Gifte durch große Mengen eines geeigneten **T i e r k o h l e** präparates zu binden. Ist der Kreislauf geschädigt, so hat man vielleicht, falls das Herz vorher gesund gewesen war, nach Fleckseder die Möglichkeit, auch bei bereits ausgebrochenem Koma noch rettend einzugreifen; Fleckseder gelang es bei verschiedenen akuten Vergiftungen (Fälle mit Koma hepaticum im Anschlusse an Vergiftungen sind in der Arbeit allerdings nicht erwähnt), durch Injektionen von 0·5 bis 1 Milligramm Strophanthin („Purostrophanthin") in die linke Herzkammer schwerste Dekompensationen zu beheben. Der gute Effekt trat gelegentlich auch dann auf, wenn intravenöse Digitalisgaben, weiters Coramin, Atropin und Lobelin nur vorübergehenden Erfolg gehabt hatten. In den letzten Jahren hat sich weiters die Insulin-T r a u b e n z u c k e r behandlung des hepatalen Komas und Präkomas als nutzbringend erwiesen. Ihr Sinn ist folgender: Besteht Insuffizienz der Leber, so kommt es in ihrem Bereiche zu einem vollkommenen Schwunde des Glykogens, wodurch der Stoffumsatz im Organ in abnorme Bahnen gelenkt zu werden scheint. Die Zufuhr von Insulin fördert nun den Glykogenansatz, der gleichzeitig verabreichte Traubenzucker dient als Aufbaumaterial. Man wird zu diesem Zwecke täglich etwa 2 (bis 3) mal 5 Einheiten Insulin in je 10 Kubikzentimetern einer 25- bis 40%igen Traubenzuckerlösung intravenös verabfolgen. Eine weitere wichtige Komponente der Behandlung ist die Bekämpfung der Anämie und der hämorrhagischen Diathese. Die B l u t t r a n s f u s i o n ist von segensreicher Wirkung und ich habe in zwei Fällen den Eindruck gehabt, daß der Patient durch die Transfusion aus dem Präkoma herausgerissen wurde. Von anderer Seite (Walzel) habe ich von Beispielen gehört, in denen im Laufe der hepatalen Insuffizienz bis zu vier Transfusionen nötig waren, um die immer wieder bedrohlich werdende Anämie in genügendem Maße zu bekämpfen. Wichtig, aber auch schwierig ist die Beherrschung der parenchymatösen Blutungen. Erfahrungsgemäß ist davon die Magenschleimhaut in erster Reihe betroffen, ich möchte sagen glücklicherweise, weil wir hier ein relativ leicht zugängliches Gebiet vor uns haben. Man wird zur Kupierung der Blutung sämtliche l o k a l wirkenden Mittel heranziehen: Von neueren Medikamenten seien das C o a g u l e n, ein aus Blutplättchen hergestelltes Präparat, und das S t r y p h n o n in Lösung erwähnt. Stryphnon ist in Form der Stryphnongaze ein bei parenchymatösen Blutungen, zu deren Stillung eine Tamponade herangezogen werden kann, allgemein verwendetes und vielbewährtes Präparat; weniger bekannt und erprobt wurde es dagegen in flüssiger Form; hier ist auch die Dosierung noch nicht feststehend. In einem derartigen Falle von Koma hepaticum verwendete ich es und hatte einen günstigen Eindruck davon, obwohl sich (auf Dosen von dreimal 20 Tropfen täglich) Magenbeschwerden einstellten. Zusammenfassend können wir hervorheben, daß es gänzlich falsch ist, bei Hepatargie einem therapeutischen Nihilismus zu huldigen, daß im Gegenteile, wenn die Bedingungen nicht allzu ungünstige sind und der Leberprozeß nicht bereits zu weit vorgeschritten ist, ein energisches Vorgehen Früchte bringen kann.

Die Differentialdiagnose des hepatalen Komas dürfte deshalb keinen allzu großen Schwierigkeiten begegnen, weil die fast stets vorhandene schwere Gelbsucht ein so auffälliges Symptom ist, daß sich die Aufmerksamkeit sofort der Leber zuwendet. Anders ist es allerdings in jenen seltenen Fällen von Koma bei Leberzirrhose ohne Ikterus; aber hier wird der zirrhotische Aspekt des Kranken, der Aszites, auch das in seiner Konsistenz und Form veränderte palpable Organ, ebenfalls auf den richtigen Weg führen. Bei Bestand einer anderen Form von Koma könnte weiters eine scheinbare oder tatsächliche Verkleinerung der Leber irrtümlicherweise die Idee eines hepatalen Ursprungs des ganzen Syndroms bedingen. Aber das Fehlen des charakteristischen Geruchs, des Leuzins und Tyrosins im Harne werden auch in solchen Fällen rasch eine Korrektur der Ansicht ermöglichen.

Koma uraemicum.

Wir wollen uns nunmehr der zweiten Form von „klassischem" Koma zuwenden, der U r ä m i e. Nach dem jetzigen Sprachgebrauche wird dieses Wort für mehrere Zustände gebraucht, die voneinander grundsätzlich verschieden sind und einem jeweils vollkommen anderen Geschehen im Körper entsprechen. Kombinationen zwischen ihnen sind allerdings nicht allzu selten anzutreffen. Die drei hieher gezählten Typen werden als echte (chronische), eklamptische und Pseudourämie bezeichnet. Die P s e u d o u r ä m i e brauchen wir hier nur mit einigen Worten zu streifen, da sie selten ein soporöses Zustandsbild macht; sie entsteht durch spastische und vielleicht auch paralytische Gefäßkrisen der kortikalen Arterien des Hirns und ist im wesentlichen durch starken Schwindel, Ohrensausen, gelegentlich auch durch Kopfschmerzen und akute Verwirrung charakterisiert.

In Ausnahmsfällen kann sich allerdings ein komatöser Zustand entwickeln, und zwar anscheinend dann, wenn sich zu den Krämpfen der Hirngefäße auch solche der Nierengefäße gesellen.

Unter solchen Umständen entstehen klinische Bilder, die denen der echten Urämie weitgehend ähnlich sind; Reststickstoff und Indikan nehmen im Serum jähe zu, der Blutdruck steigt. Der wesentliche Unterschied gegenüber der echten Urämie ist darin gelegen, daß sich dieses schwere Krankheitsbild bei Nachlassen der Krämpfe der Nierengefäße rasch bessert. Dieses günstige Ereignis ist leider selten; ich konnte es bisher nur zweimal beobachten.

Wenn man von Koma uraemicum spricht, meint man darunter meistens die Erscheinungen, welche die chronische, e c h t e U r ä m i e begleiten. Diese ist durch die Unfähigkeit der Niere, gewisse Stoffwechselschlacken auszuscheiden, bedingt, was zur Stapelung dieser Substanzen nicht nur im Blute, sondern auch in den Geweben (besonders im Gehirne) führt. Der Prozeß entwickelt sich meistens langsam. Der Patient fühlt sich zunächst matt und müde, klagt über einen besonders häufig im Hinterkopf lokalisierten Kopfschmerz. Nicht selten wird eine Charakterveränderung bemerkbar; der früher freundliche, entgegenkommende Mensch wird nunmehr leicht ärgerlich, verbittert, egozentrisch eingestellt. Der Appetit verschlechtert sich immer mehr; besonders besteht ein Widerwille gegen das Fleisch. Die Zunge hat ihre natürliche Feuchtigkeit verloren und wird belegt; es kommt zu Erbrechen, wobei die entleerte Flüssigkeit meistens durch das Fehlen freier Salzsäure und das reichliche Vorhandensein von Harnstoff charakterisiert ist. Gleichzeitig treten nicht selten Durchfälle auf, ein Zusammentreffen, das gelegentlich einen solchen Fall fälschlicherweise als eine Gastroenteritis deuten läßt. Die schon früher bestandene Anämie wird jetzt gewöhnlich deutlicher; die Haut ist trocken, juckt und wird manchmal stellenweise (besonders an den Nasenflügeln) von einer feinen Schichte von Harnstoffkristallen wie von einem zarten weißen Schleier bedeckt. Dabei klagen die Kranken über quälenden Durst. Dem Munde entströmt ein eigentümlicher urinöser Geruch, es kommt zu Stomatitis. An den Muskeln zeigen sich motorische Reizerscheinungen im Sinne von Sehnenhüpfen; die Reflexe sind gesteigert. Durch Retinitis bedingte Störungen des Sehvermögens ängstigen den Kranken; blickt er auf eine beleuchtete Fläche, so bemerkt er schwarze Flecke; bei ungünstiger Lokalisation der Herde in der Netzhaut wird auch das Lesen unmöglich. Allmählich nehmen die psychischen Störungen an Intensität zu; bald leidet der Allgemeinzustand durch hartnäckige Schlaflosigkeit, bald besteht im Gegenteil eine dauernde Schläfrigkeit; die Patienten sind leicht verwirrt, zeitlich und örtlich nicht mehr genau orientiert, dabei aber nicht selten gegenüber der Umgebung noch sehr anspruchsvoll. Intensives, dauerndes Hautjucken treibt sie zur Verzweiflung; sie scheuern sich ununterbrochen, bis die Haut von den Kratzeffekten ganz bedeckt ist. Auch Wadenkrämpfe bereiten qualvolle Stunden. Nicht selten kommt es jetzt zu psychotischen Zuständen mit lebhaften Delirien; maniakalische Bilder können mit melancholisch-depressiven Perioden wechseln. Langsam nimmt die Somnolenz zu und der Kranke verliert schließlich das Interesse an den Vorgängen in seiner Umgebung. Nun sieht man auch meistens die charakteristische Atmung; ihre Frequenz ist dadurch herabgesetzt, daß die einzelnen Respirationen durch längere Pausen voneinander getrennt sind. Die Atembewegung als solche aber ist vergrößert und zeigt einen steilen Verlauf; besonders rasch wird die Exspiration, was durch Betätigung der auxiliären Hilfsmuskeln zustande kommt. Man spricht dabei von einem Asthma uraemicum. Nimmt die Benommenheit des Kranken zu und schreitet die zentrale Lähmung vor, so kann sich terminal die Atemform ändern; die Respiration wird unregelmäßig und erhält den Cheyne-Stokes-Typus, der durch ein wellenartiges An- und Abschwellen der Atmungstiefe charakterisiert ist. Während der Zeit, in welcher die Respiration oberflächlich ist oder überhaupt fehlt, sind die Pupillen häufig eng und sprechen auf Licht schlecht an, sie erweitern sich aber mit dem Wiedereinsetzen der Atmung und reagieren dann besser. Auch das Sensorium kann ähnliche periodische Schwankungen zeigen, indem die Kranken während der Atempause tiefer benommen sind als zur Zeit guter Atmung. In diesem fortgeschrittenen Stadium stellt sich manchmal eine hämorrhagische Diathese mit Hautblutungen ein. Unter zunehmendem Erbrechen, vollständiger Nahrungsverweigerung, subnormalen Temperaturen und Durchfällen verstärkt sich die Bewußtlosigkeit, die Atmung wird röchelnd, es tritt Trachealrasseln auf und endlich kommt es zum Tod.

Die objektive Untersuchung der Organe der urämischen Kranken ergibt für den Zustand charakteristische Veränderungen. Hieher zählt namentlich eine trockene Perikarditis; Exsudation in den Herzbeutel ist selten in höherem Umfange nachweisbar. Ähnlich verhält sich auch die urämische Pleuritis, welche kaum jemals zu wesentlichen Ergüssen Veranlassung gibt, falls nicht gleichzeitig eine allgemeine Ödemneigung besteht. Vor dem Eintreten der schweren Symptome ist der Puls in der Regel verlangsamt; mit dem Fortschreiten der zentralen Störungen oder bei kardialer Dekompensation nimmt seine Frequenz wieder zu, ein für die Therapie wichtiges Zeichen, da es auf die Notwendigkeit einer energischen Herzbehandlung hinweist. In der überwiegenden Mehrzahl der Fälle ist der Blutdruck stark erhöht, doch darf ein normaler Blutdruck nicht als ein das Vorhandensein von Urämie ausschließendes Symptom angesehen werden. Bedeutungsvoll ist auch das Verhalten des Harnes: Bei der chronischen Niereninsuffizienz ist seine Menge wesentlich gesteigert, die Farbe hell, grünlichgelb, die Schaumbildung deutlich vermehrt. (Das grünliche Kolorit tritt dadurch auf, daß die Niere die Fähigkeit verloren hat, gewisse Vorstufen der normalen Harnfarbstoffe zu oxydieren.) Dieses Nebeneinander von Polyurie, eigentümlicher Färbung und starker Schaumbildung ist so charakteristisch, daß daraus bereits mit großer Wahrscheinlichkeit der Bestand einer schweren Nierenveränderung abgeleitet werden kann. Ist die Albuminurie hochgradig, so besteht oft eine diffuse zarte Trübung des Harnes bei durchscheinendem Lichte. Ausgeprägte Hämaturie wird in diesem Stadium selten gefunden. Mit zunehmendem Versagen der Nierentätigkeit sinkt die Harnausscheidung gegenüber der Vorperiode sogar unter die Norm. Bei ausgesprochenem Koma erfolgt die Miktion unwillkürlich, ebenso wie jetzt eine Incontinentia alvi besteht.

Ganz anders ist das klinische Bild der **akuten eklamptischen Urämie**. Schon der Aspekt des Kranken ist ein anderer. Während bei der „echten" chronischen Form der Urämie meistens eine auffällige Austrocknung des Körpers besteht, Schwellungen fehlen und die Haut in stehenbleibenden Falten abhebbar ist, sind die Kranken des zweiten Typus fast ausnahmslos deutlich ödematös. Dabei hat die Haut ein weißes Kolorit. Im Gegensatze zum Verhalten bei kardialen Störungen fehlt der zyanotische Stich. Während sich das Ödem der Herzkranken an den tiefsten Stellen des Körpers sammelt, ist hier die Flüssigkeit besonders in den l o c k e r e n Gegenden des subkutanen Gewebes, also beispielsweise um die Augen lokalisiert. Bei diesen Kranken wird auch meistens das für echte Urämie so charakteristische fahle Aussehen vermißt. Während bei der echten Urämie gewöhnlich eine ganz allmähliche Entwicklung des Komas zu beobachten ist, setzt bei der akuten eklamptischen Urämie die Bewußtlosigkeit fast schlagartig ein. Sieht man den Kranken einige Stunden vor einem solchen Anfalle, so klagt er wohl über einen leichten Kopfschmerz, fühlt sich aber gegenüber den vorausgegangenen Tagen im allgemeinen nicht geändert. Die aufmerksame Betrachtung zeigt allerdings einzelne fibrilläre Zuckungen, besonders um die Mundwinkel oder an den Händen. Nach einer exogenen Schädigung (ein heißes Fußbad etc.) oder auch ohne daß eine solche nachweisbar wäre, verlieren die Patienten faßt plötzlich das Bewußtsein, klonisch-tonische Krämpfe schütteln den Körper. Kommen nicht Fremde zu Hilfe, so fällt der sich bäumende Körper leicht aus dem Bette, die Extremitäten und der Kopf werden durch die Gewalt der Krämpfe gegen harte Gegenstände gestoßen und es treten mehr oder minder schwere Wunden auf. Gelangt die Zunge zwischen die meistens eng zusammengepreßten Zähne, so wird sie verletzt und nun rinnt Blut und Schaum aus dem Munde. Den Höhepunkt erreicht diese Tragödie durch den nunmehr einsetzenden Krampf des Zwerchfells. Während bisher die Atmung zwar laut und röchelnd, aber doch im großen und ganzen genügend war, wird jetzt ein großer Teil der Atemmuskulatur ihrem Zwecke entzogen. Der vorher nur leicht bläuliche Patient färbt sich nunmehr dunkelblau, zyanotisch, die Lippen werden fast schwarz. Jeden Augenblick erwartet man den Eintritt der Katastrophe. Da plötzlich löst sich der Krampf des Zwerchfells; ein tiefer, seufzender Atemzug schafft dem Kranken frische Luft, rasch sinkt der Grad der Zyanose und auch die Krämpfe lassen nunmehr an Stärke nach. Während bislang drei bis vier Leute alle Kraft aufbieten mußten, um den um sich schlagenden Kranken vor Verletzungen zu bewahren, sinkt er nun im Bette zusammen, nur kaum mehr von einzelnen vorübergehenden Krämpfen hin- und hergeworfen. Allmählich geht dieser Zustand in einen tiefen, anscheinend traumlosen Schlaf über, der gewöhnlich mehrere Stunden dauert. Aus ihm erwacht der Patient ohne jede Erinnerung an das Vorgefallene, meistens äußerst erstaunt über die Verletzungen, die er etwa erlitten; er klagt über heftigen Zungenschmerz, der mit den der Zunge widerfahrenen Traumen in Beziehung steht, und über Kopfdruck, der jedoch gewöhnlich keine überwältigenden Formen annimmt.

In glücklicherweise seltenen Fällen beginnt im Augenblicke des Aufwachens für den Arzt und den Patienten eine neue aufregende Zeit: Der Kranke merkt plötzlich, daß er vollständig erblindet sei. Da diese akute Amaurose mit einem Ödeme der Papilla nervi optici in Verbindung steht, die zur Kompression des Nerven geführt hat, so kann jetzt wohl nur eine sofortige Lumbalpunktion Hilfe bringen. Längeres Zuwarten ist höchst gefährlich, da es zu Atrophie des Sehnerven führen kann. In einem derartigen Falle hatte ich die Freude, daß, nachdem etwa 20 Kubikzentimeter Liquor abgeflossen waren, der Patient plötzlich ausrief: „Ich sehe wieder!"

Wenn wir uns fragen, ob es richtig ist, diese eben geschilderte akute Urämie mit dem Namen eines komatösen Zustandes zu belegen, so mag dies für die erste Periode, das Krampfstadium, zweifelhaft sein; denn kaum jemand wird eine Bewußtlosigkeit, bei welcher der Kranke von Konvulsionen hin- und hergeworfen wird, als „tiefen Schlaf" bezeichnen. Anders allerdings ist es, wenn man bei der Definition das Moment des Bewußtseinsverlustes in den Vordergrund schieben will und auf den „schlafähnlichen Charakter" verzichtet. Für die Nachperiode bestehen diese Schwierigkeiten der Überlegung kaum; auf sie paßt wohl kaum eine andere Bezeichnung als Sopor oder Koma.

Viele, namentlich ältere Autoren halten die hier geschilderte Zweiteilung der Urämie — (wenn man von der „Pseudo"gruppe absieht) — für unberechtigt und stehen auf dem Standpunkte, daß es nur eine Form der Urämie mit verschiedenen klinischen Bildern gebe. An der Hand der Pathogenese werden wir aber sehen, daß diese Auffassung in dem Sinne wohl richtig ist, daß sich die zwei Formen kombinieren können, daß sie im wesentlichen aber doch falsch ist, da beiden Typen ein anderes Geschehen im Körper zugrunde liegt.

Was ist die Hauptbedingung für das Auftreten einer echten Urämie? Alle Forscher sind sich darüber einig, daß die echte Urämie mit der Retention von Schlacken des Eiweiß- oder Stickstoffumsatzes in Beziehung steht. Es findet sich eine Vermehrung von Harnstoff, Harnsäure, Indikan usw. im Serum. Gewöhnlich wird diese Stauung an der Hand des Reststickstoffes gemessen. 20 bis 50 Milligramm Reststickstoff in 100 Kubikzentimetern Serum sind die normalen Werte; bei Urämie aber werden Steigerungen des Stickstoffes bis 300, ja noch höher gefunden. Ohne Zurückhaltung dieser Schlacken gibt es keine Urämie. Welche Stoffe das eigentliche Vergiftungsbild ausmachen, ist noch nicht mit Sicherheit bekannt; in der letzten Zeit denkt man namentlich an Oxyphenole.

Ganz andere Bedingungen müssen aber bei der akuten eklamptischen Urämie gegeben sein. Zunächst ist zu betonen, daß eine genügend große Reihe derartiger Fälle mit normalen oder annähernd normalen Reststickstoffwerten bekannt ist, um mit größter Wahrscheinlichkeit eine Retention von der oben dargelegten Art als Grundbedingung des Anfalls ablehnen zu können. Dagegen sieht man bei der eklamptischen Urämie gesetzmäßige Störungen im Kochsalzstoffwechsel, fast konstant Ödembildung und Blutdrucksteigerung. Die geschilderten Erfahrungen mit der Behandlung der Amaurose, welche schon seit längerer Zeit bekannt sind, legen den Gedanken nahe, daß ein Gehirnödem in Verbindung mit Hochdruck die Grundbedingungen für die eklamptische Form sein dürften. Im Gegensatz dazu ist Hochdruck kein unbedingtes Erfordernis bei der echten Urämie; auch verläuft die echte Urämie, wie schon der Ausdruck „trockene Form" sagt, nicht selten ohne jede sichtbare Ödembildung, im Gegenteile sogar mit Exsikkation des Körpers.

Die Kombination beider Formen der Urämie kann nicht wundernehmen, wenn wir uns die Krankheitszustände vor Augen führen, bei welchen die verschiedenen Typen zustande kommen. Die echte Urämie findet sich am häufigsten bei chronischer Nephritis und bei fortgeschrittenen Nephrosklerosen; in nicht ganz typischer Weise auch bei akuter Nierenentzündung; weiters tritt sie uns bei Folgezuständen von Prostatahypertrophie, Zystenniere, ausgedehnten interstitiellen Nephritiden usw. entgegen. Die eklamptische Form dagegen sieht man besonders häufig, wenn sich ein nephrotischer Symptomenkomplex mit hohem Blutdrucke paart; dies ist namentlich bei ungeeignet behandelten akuten Nephritiden sowie bei Hochgraviden der Fall; wird bei solchen Kranken die Gefahr eines gesteigerten Hirndruckes r e c h t z e i t i g erkannt, so läßt sich der eklamptische Anfall mit ziemlich großer Sicherheit verhindern.

Die D i f f e r e n t i a l d i a g n o s e der Urämie ist nicht immer ganz einfach. So sah ich erst kürzlich einen Fall, bei welchem die schwere Anämie verbunden mit Achylia gastrica und Darmstörungen den Gedanken einer Anaemie perniciosa nahelegte und den behandelnden Arzt zur Verabfolgung einer Leberdiät bewog. — Die asthenische (chronische) Form der Urämie kann infolge des starken Verfalles des Kranken gelegentlich auch den Verdacht auf einen okkulten Tumor erwecken, wobei die Blässe als Blutungsfolge gedeutet wird. Gegenüber der eklamptischen Form wird besonders das Vorhandensein einer echten Epilepsie zu überlegen sein; hier kann bis zu einem gewissen Grade die Harnuntersuchung Hilfe bringen; so hochgradige Albuminurien wie bei der eklamptischen Form finden sich beim Morbus sacer nicht. — Zur raschen Trennung von dem diabetischen und renalen Koma kann man sich mit Vorteil des Verhaltens der Patellarsehnenreflexe bedienen; beim diabetischen Koma sind sie fast stets erloschen, beim renalen dagegen gesteigert. Im übrigen bieten hier die verschiedenen klinischen Untersuchungsmethoden so viele Unterscheidungszeichen, daß die Verwechslungsgefahr nicht groß ist.

Auch bezüglich der Behandlung ist zwischen echter und eklamptischer Urämie zu differenzieren. Bei der echten Urämie steht der Versuch der Entgiftung an erster Stelle. Man wird nach den neuesten Erfahrungen gut tun, dem Kranken möglichst große Mengen Tierkohle per os und als Einlauf zu verabreichen, da derart wenigstens eine teilweise Giftbindung erreicht werden kann. Gleichzeitig trachte man auch, das Auftreten jeder Stuhlverstopfung zu vermeiden. Andererseits ist es jedoch gefährlich, drastische Abführmittel zu verordnen, weil durch diese die Neigung zu urämischer Enteritis gesteigert wird, die dem Kranken verderblich sein kann. Sinkt die Diurese, so muß man der dadurch gegebenen Gefahrenquelle auf doppeltem Wege entgegentreten; durch Herzbehandlung und durch harntreibende Mittel. Digitalis ist zweifellos sehr wertvoll. Es ist eine alte Erfahrungstatsache, daß man eine beginnende Urämie durch rechtzeitige Herzstärkung manchmal in ihrer Entwicklung hemmen kann. Andererseits darf man aber nicht vergessen, daß bei Hochdruck — und ein solcher besteht ja bei der überwiegenden Mehrzahl der Fälle mit renalem Koma — die Nierengefäße häufig digitalisüberempfindlich sind und schon auf relativ kleine Gaben mit (diuresehemmender) Kontraktion antworten. Vielfach bewährt hat sich die intravenöse Strophanthinbehandlung, allerdings unter bestimmten — durch den Hochdruck und die mit ihm in Beziehung stehenden Gefäß- und Herzveränderungen bedingten — Kautelen. Vor allem gebe man niemals Strophanthin allein, da es Angina pectoris auslösen kann, sondern nur gleichzeitig mit Traubenzucker; den Traubenzucker am besten als hypertonische (zum Beispiel 25%ige) Lösung. Weiters injiziere man die Flüssigkeit äußerst langsam und lasse nach der Injektion den Arm heben (Vermeidung von Thrombose). Von großer Wichtigkeit ist es auch, Strophanthingaben von 0·5 Milligramm niemals zu überschreiten, um plötzliche Todesfälle zu vermeiden. Wir beginnen meistens mit 0·2 Milligramm, steigen auf 0·3 Milligramm und bleiben ungefähr bei dieser Dosis. Nur wenn gar keine Beschwerden auftreten und eine intensivere Unterstützung der Herzarbeit indiziert erscheint, gehe man bis zur angegebenen Grenzdosis von einem halben Milligramm. **Bluttransfusionen** könnten wegen der schweren Anämie in Betracht kommen. Gefährlich sind sie, wenn gleichzeitig eine, wenn auch leichte Neigung zu Ödem besteht. Ich sah in zwei Fällen, in welchen eine solche Behandlung gemacht worden war, ungefähr drei bis vier Stunden später das Einsetzen einer eklamptischen Urämie. Das ist verständlich, wenn wir uns erinnern, daß eine akute Hirnschwellung bei Hochdruck die Vorbedingung für das Auftreten dieser Zustände ist. Wahrscheinlich kann die injizierte eiweißreiche Flüssigkeit die Blutbahn nicht rasch verlassen, erzeugt vorübergehende Plethora und gibt auf diese Weise Anlaß zur Hirnschwellung. Dies dürfte auch der Grund sein, warum die Injektion einer isotonen, nur Kristalloide enthaltenden Flüssigkeit weniger gefährlich ist, ja sogar segensreich wirkt. Zu diesem Zwecke kommt eine physiologische Kochsalzlösung oder eine 4- bis 5%ige Traubenzuckerlösung in Betracht, welch letztere wegen der ungünstigen Wirkung des Kochsalzes bei Hochdruck vorzuziehen ist. Eine solche Flüssigkeit wird anscheinend rasch aus der Blutbahn in die Gewebe geworfen, bei trockener Urämie wohl großenteils in das exsikkierte subkutane Zellgewebe, gelangt von hier, mit Schlacken-beladen, langsam wieder in den Kreislauf und wird schließlich unter Vermehrung des Harnwassers wieder durch die Niere ausgeschieden.

Seit alters sind bei Urämie protrahierte warme Bäder sowie Heißluftbehandlungen üblich. Man trachtet durch sie eine Ableitung auf die Haut, das heißt eine vermehrte Absonderung giftiger Stoffe durch das Hautorgan zu erzielen. Wenn auch häufig die Wirksamkeit derartiger Maßnahmen überschätzt wird, muß dennoch zugestanden werden, daß ihnen eine mäßige günstige Wirkung nicht abgesprochen werden kann. Dabei darf jedoch eine Kontraindikation für jede Hitzebehandlung nicht übersehen werden. Nierenkranke können in bestimmten Stadien ihres

Leidens nicht schwitzen. Setzt man nun einen derartigen Kranken, der die Fähigkeit zu schwitzen verloren hat, in einen Heißluftschwitzkasten, so ist die Folge, daß die Temperatur des gesamten Organismus ansteigt und bei übertrieben lange fortgesetzter Applikation sogar eine Überhitzung mit deletären Wirkungen eintritt. Daher untersuche man zunächst jeden solchen Kranken auf die Fähigkeit zu schwitzen. Wir benützen dazu — abgesehen von den medikamentösen Verfahren — zwei Hilfsmittel: das Studium des Verhaltens der Fingerbeeren und des Durstgefühles. Die Fingerbeeren des normalen Menschen fühlen sich dauernd spurweise feucht an; vergleicht man den über normalen Fingerbeeren erhaltenen Eindruck mit den Empfindungen, die man bei der Palpation Kranker mit hoher Neigung zur Wasserretention erhält, so wird der Unterschied augenfällig. Das Wasser wird im subkutanen Gewebe solcher Patienten chemisch zurückgehalten und daher weder gegen die Niere noch gegen die Haut in genügender Menge ausgeschieden. Auch das Durstgefühl ist ein Fingerzeig für steigende Ödeme oder, mit anderen Worten, für die Unfähigkeit, derzeit auf eine Schwitzprozedur günstig zu reagieren. Solange die Ödeme Neigung zum Anstieg haben, klagt der Kranke über ein quälendes Durstgefühl; wenn die Ödeme ausgeschwemmt werden, fehlt diese Empfindung vollkommen und kann man dem Organismus durch heiße Bäder usw. zu Hilfe kommen. — Ein therapeutisch interessanter Versuch, der allerdings bislang noch ein wenig in das Reich der Utopie gehört, sei noch erwähnt, nämlich der Versuch, durch Dialyse das mit Giften beladene Blut von seinen Ballaststoffen zu befreien. Ob hier ein Weg für die Zukunft liegt, oder ob die Gefahr des Vorgehens (das Blut muß ungerinnbar gemacht werden) den Nutzen überwiegt, kann noch nicht beurteilt werden.

Es bedarf wohl kaum näherer Ausführung, daß die Nahrung in jedem derartigen Falle so geregelt werden muß, daß sie möglichst wenig Körper enthält, deren Stoffwechselendprodukte durch die Niere ausgeschieden werden müssen. Diesem Zwecke dienen die Zuckertage, Obsttage usw. Nur wird man dabei stets die Gefahr der Unterernährung gegenüber den Vorteilen eines solchen Vorgehens sorgsam wägen müssen.

Von ganz anderen Grundsätzen geht man bei Bekämpfung der eklamptischen Urämie aus: Alles, was den Hirndruck vermehrt, ist hier streng zu vermeiden. Auf welche Kleinigkeiten es dabei ankommt, zeigt der bekannte Fall Volhards, in dem ein heißes Fußbad anscheinend zur Mobilisierung des vorher in den Geweben der Beine gebundenen Wassers und damit wohl zur vorübergehenden Vermehrung der Blutmenge führte und derart den letzten Anstoß zur Auslösung der Krämpfe bildete. Im Vordergrunde der Eklampsietherapie steht die scharfe Einschränkung von Kochsalz und Flüssigkeit in der Nahrung. Ist der Patient stark ödematös, diätetisch unzweckmäßig vorbehandelt und der Blutdruck hoch, sind also mit anderen Worten alle Vorbedingungen für das Auftreten eines Anfalls in der nächsten Zeit gegeben, dann zögere man nicht, radikal vorzugehen, und lasse den Kranken 24 bis 48 Stunden vollständig hungern und dürsten. Dies wird ihm keinen Schaden bringen (falls der Kreislauf intakt ist, sonst Herzbehandlung!), wird aber wohl eine beträchtliche Entlastung des Kreislaufs bewirken. Es ist nicht zuviel gesagt, wenn manche Autoren behaupten, durch eine **rechtzeitige** Regelung von Speise und Trank den Ausbruch der Krämpfe sowohl bei der akuten Nephritis als auch bei der Gravidität verhindern zu können. Zeigen sich aber bereits die ersten Anzeichen des kommenden Anfalls, so ist für ein solches Vorgehen naturgemäß keine Zeit mehr; jetzt kann man am ehesten durch einen sofortigen Aderlaß die Entlastung herbeizuführen trachten. Bei bereits ausgebrochenem Anfall ist vor allem der bewußtlose Kranke vor Verletzungen zu schützen. Lumbalpunktion kommt wohl nur bei etwaiger Amaurose in Betracht. Ob Lobelin in ganz schweren Fällen mit Atemlähmung nützlich ist, kann aus eigener Erfahrung noch nicht gesagt werden. Aderlaß wird zwar meistens gemacht, doch habe ich nie den Eindruck gehabt, durch ihn die Länge der Krämpfe wesentlich abzukürzen.

Koma diabeticum.

Wir wollen uns nunmehr einer weiteren Form von „klassischem" Koma zuwenden, dem **Koma diabeticum**.

Das Koma diabeticum hat in der letzten Zeit deshalb stark an Interesse gewonnen, weil wir nunmehr durch das Insulin imstande sind, auch hier vielfach rettend einzugreifen. Gleichzeitig mit dieser Behandlungsmethode ist aber eine Reihe neuer Probleme aufgetaucht, die teilweise hier erörtert werden sollen. Wie groß der Unterschied bei der Therapie dieses Zustandes jetzt und noch vor einigen Jahren ist, zeigt am besten das resignierte Wort eines bekannten Klinikers über die damals fast allein bekannte Behandlungsart, die Injektion von Natriumbikarbonatlösungen; er meinte, man störe auf diese Weise eigentlich nur die Euthanasie der Kranken.

Betrachten wir zunächst die vorwiegendsten klinischen Symptome des diabetischen Komas, soweit sie nicht schon früher bei der Besprechung des kardiovaskulären Typus genügend gewürdigt wurden. Das Verhalten des Blutdruckes, die geringe Spannung der Bulbi, sowie die veränderte Herztätigkeit wurden bereits besprochen. Die Entwicklung der psychischen Störung ähnelt in der Reihenfolge, in welcher sich die Symptome entwickeln, vielfach den bei der Analyse der echten Urämie ausführlich beschriebenen. Auch hier wird der Kranke zunächst müde und teilnahmslos, er greift öfter an den Kopf, offenbar wegen unangenehmer Sensationen daselbst; ausdrückliche Klagen über solche werden aber nicht geäußert. Die Bewegungen werden unsicherer, es kommt zu Somnolenz, die langsam in ein vollständiges Koma übergeht, dabei sinkt die Temperatur und die sogenannte Kußmaulsche Atmung wird immer ausgeprägter.

Die Kußmaulsche Atmung ist dadurch gekennzeichnet, daß die Zahl der Respirationen zunächst wesentlich sinkt; man zählt deren oft nur 12, ja selbst 8, statt normal 16 bis 24. Gleichzeitig vertieft sich die Atmung. Ein langdauerndes Inspirium wird von einem kurzen, stoßartigen Exspirium abgelöst. Nun folgt eine längere Pause. In diesem Stadium besteht eine weitgehende Ähnlichkeit mit dem früher beschriebenen Atemtypus der Urämiker, doch sind beim Urämiker beide Phasen kurz und ruckartig. Bei Fortschreiten des diabetischen Komas tritt insoferne eine Änderung der Atmung auf, als die Zahl der Respirationen über die Norm hinaus zunimmt. Terminal findet sich nicht selten der Cheyne-Stokessche Typus. Das Studium dieses Cheyne-Stokesschen Symptomenkomplexes ist für uns auch deshalb von Bedeutung, weil man in der Literatur gelegentlich die Annahme findet, daß zur Diagnose des Komas nicht einmal der soporöse Zustand nötig sei, sondern daß hiefür die charakteristische Atmung und der weiche Puls genüge. Wie bereits ausgeführt, spricht man in solchen Fällen jedoch besser von Präkoma. Die Ursache der eigenartigen Respirationsform wird bald in einer Ansäuerung des Organismus, bald in einer Vergiftung mit Ketonkörpern gesucht. Umber und Lorant haben aber Fälle ohne Ketonämie beschrieben. Lorant meinte daher, eine Entstehung dieser Atmungsform durch Einwirkung eines bestimmten Giftes ablehnen zu müssen; er vermutete, daß die dem Diabetes eigentümliche Störung im Kohlehydratwechsel sämtliche Zellen des Körpers und infolgedessen auch das Zentralnervensystem beeinflusse. Hier auftretende Änderungen seien die Ursache der eigentümlichen Respirationsform. Die Bewußtseinsstörung dagegen spreche allein auf Maßnahmen an, welche den Blutdruck erhöhen; sie habe daher augenscheinlich eine andere Genese. Sind diese Anschauungen richtig, so wäre also die Atemstörung eine absolute Indikation für eine energische Insulinbehandlung, Trübung des Bewußtseins und niederer Bulbusdruck dagegen ein Hinweis auf eine neben der Insulingabe sofort einzuleitende Gefäßtherapie.

Auch der Harn zeigt beim Koma diabeticum eine Reihe fast gesetzmäßiger Eigenschaften. In der überwiegenden Mehrzahl der Fälle enthält er große Zuckermengen, daneben Azeton, Azetessigsäure, β-Oxybuttersäure, sowie andere, bisher noch nicht vollständig identifizierte Substanzen. Die Ausscheidung dieser Körper steht in innigem Zusammenhange mit ihrer Vermehrung im Blute; die Niere ist ja ein Organ mit Ventilfunktion, das heißt, sie ist imstande, überschüssige Stoffe aus dem Blute zu eliminieren. Diese regulierende Tätigkeit leidet aber in den Spätstadien des Diabetes nicht selten; dann wird der Zucker trotz wesentlicher Hyperglykämie nicht ausgeschieden und die rasch sich steigernde Überzuckerung des Organismus führt zur Katastrophe. Die Ursachen einer solchen Nierendichtung sind verschiedene. Zunächst kommt hier die sogenannte G l y k o g e n n e p h r o s e in Betracht; sie beruht auf einer schweren Veränderung der Kanälchen, wobei die einzelnen Epithelien Glykogen stapeln. Der augenfälligste klinische Ausdruck dafür ist eine starke Albuminurie. Seit langem weiß man, daß die Analyse des Harns ein um so unverläßlicherer Führer für die Beurteilung der gegenwärtigen Krankheitslage eines Diabetikers wird, je stärker die Albuminurie ist. Wenn diese sehr hohe Grade erreicht, schwindet manchmal der Zucker vollständig aus dem Harne und man kann dann entweder, falls man den Patienten früher nicht kannte, einen Diabetes übersehen oder, falls die Zuckerkrankheit schon entdeckt war, an eine derzeitige Besserung denken, während im Gegenteile ein gefahrdrohender Zustand eingetreten ist. Die Kenntnis der Glykogennephrose ist auch deshalb von Bedeutung, weil die Insulinbehandlung nicht nur die Hyperglykämie herabdrückt, sondern auch die Tubulusfunktion günstig beeinflußt und dadurch die Dichtung der Niere mindert. Mit dieser Nephrose stehen wohl zwei Symptome in Beziehung, die als Vorläufer einer Katastrophe bekannt sind. Zunächst die K ü l b s schen oder K o m a z y l i n d e r, stark lichtbrechende Ausgüsse dicker Kanälchen, und weiters die Tatsache, daß vor Ausbruch der schweren Vergiftungserscheinungen häufig die Kochsalzkonzentration im Harne der Zuckerkranken sinkt. Wir wissen, daß Störungen im Natriumchloridstoffwechsel ein Kardinalsymptom vieler Nephrosen sind. — Eine zweite Form renaler Schädigung findet man bei Diabetikern mit Hochdruck, dem sogenannten s t h e n i s c h e n D i a b e t e s (R. Schmidt, Lorant). Bei solchen Kranken schädigt die Hyperglykämie die Gefäße und führt zu einer frühzeitigen Arterio- oder Arteriolosklerose. Falls die Nierengefäße von dieser mitbetroffen sind, entsteht wieder eine „Dichtung" des Organes von der bereits beschriebenen Art. Ich kenne eine ganze Reihe von Patienten mit Hochdruck, die trotz wesentlich gesteigerten Blutzuckergehaltes keine Glykosurie hatten. Besonders eindrucksvoll war ein vor mehreren Monaten gesehener Fall; bei einem solchen Kranken war ein Koma im Hinblicke auf den dauernd negativen Urinbefund zunächst von mehreren Seiten mißdeutet worden; erst die Analyse des Blutes bestätigte die klinische Vermutung einer diabetogenen Genese des Dämmerzustandes.

Wir haben früher gesehen, daß Patienten durch Insulin aus ihrem diabetischen Koma gerissen werden können, bald darauf aber gelegentlich unter kardiovaskulären Symptomen zugrunde gehen. Noch eine andere Form des Todes im Anschlusse an erfolgreiche Insulinbehandlung ist möglich: die Urämie. In der letzten Zeit wurden mehrfach Fälle beschrieben (Th. Weiß, E. J. Kraus und H. Seyle), die wohl von der diabetogenen Bewußtseinsstörung befreit werden konnten, bald darauf aber unter Oligurie, Steigerung des Blutdruckes und des Reststickstoffs, Albuminurie, Hämaturie und terminaler Anurie starben. Die Nieren solcher Fälle, die im Prager pathologisch-anatomischen Institute Ghons untersucht worden waren, zeigten eine eigenartige Veränderung; sie waren hochgradig blutarm, stark geschwollen und wiesen die ersten Anfänge einer Nephritis auf. Auch ich sah in der letzten Zeit im Anschlusse an eine Insulinbehandlung eine Hämaturie auftreten; doch konnte diese aus äußeren Gründen in ihrer Genese nicht analysiert werden. Die bisherigen Beobachtungen genügen noch nicht, um hier eine strenge Gesetzmäßigkeit anzunehmen; doch scheinen die Beobachtungen bedeutungsvoll genug, um das Augenmerk auf das Verhalten der Nieren bei insulinbehandelten Diabetikern zu lenken.

Wir möchten im Rahmen dieser Ausführungen nicht auf das Wesen des bei schweren Zuckerkranken auftretenden Vergiftungsbildes eingehen, einerseits, weil ganz sichere Kenntnisse darüber nicht vorliegen und andererseits, weil sich der Stand des Wissens ja in vielen Handbüchern zusammengefaßt findet. Dagegen scheint es zweckmäßig, wenigstens kurz die D i f f e r e n t i a l d i a g n o s e zu streifen. Die Unterscheidung des diabetischen und renalen Komas wurde bereits früher erörtert. Schwierigkeiten kann die Trennung der Bewußtseinsstörung eines Zuckerkranken von einem postepileptischen Dämmerzustande bieten. Wir sahen vor Jahren folgenden Fall: Ein aus der Fremde zugereister Mann wird morgens tief bewußtlos in seinem Bette gefunden. Der herbeigerufene Arzt denkt an ein Koma diabeticum, macht einen Katheterismus, findet im Harn Zucker in mäßiger Menge, aber kein Eiweiß und hält nun die Diagnose für gesichert. Bei der darauffolgenden nochmaligen Untersuchung des Kranken erschien es auffällig, daß der Azetongeruch aus dem Munde fehlte und daß die Partellarsehnenreflexe gut auslösbar waren. Da die Partellarreflexe bei diabetischem Koma fast regelmäßig erloschen sind, glaubte ich, ein diabetisches Koma ausschließen zu können; ich deutete dagegen Dämmerzustand und Glykosurie als postepileptische Zeichen, was auch die weitere Entwicklung des Falles bestätigte. Der Patient erzählte später, er habe schon mehrere ganz ähnliche Anfälle mit Glykosurie gehabt.

Schließlich noch einige Worte über die B e h a n d l u n g des diabetischen Komas. In den Vorstadien kann sein Auftreten durch brüske Zuckerentziehung direkt ausgelöst und im Gegensatze hiezu durch Dextrose- und Alkoholgaben verhindert oder zum mindesten verzögert werden. Die führende Rolle in der Therapie spielt das I n s u l i n. Kommt man zu einem solchen bewußtlosen Kranken, so injiziere man zunächst am besten endovenös 40 bis 50 Einheiten Insulin mit 30 bis 40 Gramm Traubenzucker (zum Beispiel in 10- bis 20%iger Lösung); ist dieser Weg nicht gegeben, so gebe man 40 bis 50 Einheiten Insulin subkutan, den Traubenzucker aber rektal oder mit der Magensonde. Die gleichzeitige Zuckermedikation ist übrigens bei der ersten Insulininjektion nicht unbedingt notwendig, da der hohe Blutzuckergehalt des Komatösen vor Hyperinsulinismus schützt. In der Regel schließt man bei schwerem diabetischen Koma zwei Stunden nach der ersten Insulininjektion eine zweite Injektion mit ebenfalls 40 bis 50 Einheiten an und gibt dann weiters noch mehrmals kleinere Mengen, so daß im Laufe des ersten Tages zusammen etwa 150 bis 200 Einheiten zusammenkommen (Elias). Vom zweiten Tage an wird man wohl die Insulinbehandlung mit Zuckerinjektionen oder Kohlehydratgenuß verbinden müssen. Die weitere Behandlung wird zweckmäßigerweise je nach dem Verhalten des Blutzuckers eingerichtet; hat man das Insulin unterdosiert, so ist die Senkung der Hyperglykämie und damit der Behandlungserfolg ungenügend. Bei zu großen Gaben wird im Gegenteile die Gefahr der Hypoglykämie akut. Hiebei geht die Senkung des Blutzuckerspiegels dem Ausbruche der klinischen Erscheinungen voraus; als solche sind zu nennen: starrer Blick, Schweißausbruch, Zuckungen um den Mund; Herdsymptome, wie Aphasie, Apraxie, extrapyramidale Störungen, Psychosen, eine eigenartige Muskelschwäche. Im weiteren Verlauf kommt es zu Bewußtlosigkeit, Areflexie und schließlich Versagen der Atemtätigkeit bei guter Herzkraft. Es entsteht dabei also ein soporöser Zustand. Wir müssen demnach bei Zuckerkranken vier Arten von Koma unterscheiden: die klassische Form, den kardiovaskulären Typus, die Urämie und endlich die hypoglykämische Bewußtlosigkeit. Da jede dieser Formen eine andere Therapie beansprucht, hat diese Trennung praktisches Interesse; ihre Beachtung am Krankenbette dürfte die Prognose wesentlich bessern. Die Behandlung der Hypoglykämie erfolgt durch intravenöse Traubenzuckerinfusionen gleichzeitig mit Gaben von Adrenalin und Lobelin.

Koma Addisonicum.

Auch die Addisonsche Krankheit kann zu schweren Bewußtseinsstörungen führen. Neben den bekannten Erscheinungen der Nebenniereninsuffizienz, nämlich Pigmentationen, hochgradigster Muskelschwäche (bei noch gut erhaltenem Fettpolster), Verminderung des Blutdrucks, gastrointestinalen Symptomen (krisenartigen Magenschmerzen, Achylia gastrica, Wechseln von Durchfällen und Verstopfung) treten die Erscheinungen am Nervensysteme an Heftigkeit wohl zurück; sind sie aber vorhanden, so erzeugen sie ein sehr bedrohliches Bild. Die Kranken klagen zunächst über Schwindel und Neigung zu Ohnmacht; gelegentlich treten epileptiforme Anfälle oder Perioden von Somnolenz, auch Delirien auf; die Pupillen sind in den fortgeschrittenen Stadien erweitert und reagieren nicht auf Licht; die Atmung ist anfangs beschleunigt, später verlangsamt. Der Tod erfolgt in solchen Fällen in tiefem Koma, manchmal bei Vorhandensein von Konvulsionen.

Die Diagnose des Zustandes ist bei perakuter Nebennniereninsuffizienz schwer, da hier die Pigmentationen noch fehlen, begegnet aber bei den chronischen Fällen mit klassisch ausgeprägten Symptomen meistens nicht allzu großen Schwierigkeiten. Irreführen können die heftigen abdominellen Schmerzen; man denkt dabei leicht an eine Peritonitis oder einen Ileus. Ortner weist darauf hin, daß bei der Bauchfellentzündung nur die abdominalen Muskeln gespannt sind, bei der Pseudoperitonitis Addisonica dagegen die Extremitätenmuskeln ebenfalls eine erhöhte Rigidität aufweisen. Auch die Hautfärbung erzeugt manchmal diagnostische Schwierigkeiten. Chronische Malaria, Krebskachexie, Arsenmelanose, Argyrie, ja selbst die Vagantenhaut kommen in Überlegung. Die Pigmentation bei Pellagra soll sich in ihren Eigenschaften fast gänzlich mit der durch Nebenniereninsuffizienz bedingten Form decken, vielleicht sogar durch eine Nebenniereninsuffizienz entstehen.

Die Behandlung des Addisonschen Komas ist noch ziemlich aussichtslos. Mit Adrenalin allein erzielt man keine wesentlichen Erfolge. Besser ist die Verwendung von Traubenzuckerinjektionen und Traubenzuckerinfusionen gegen die häufig vorhandene Hypoglykämie. Im Präkoma ist ein Versuch mit den Nebennierentabletten Mercks (2 bis 3 Stück täglich) angezeigt. In der letzten Zeit scheint die Darstellung eines lebenswichtigen Hormons aus der Nebenniere, des Interrenins, gelungen zu sein. Wenn sich diese Nachrichten bewahrheiten, dürften unsere Kenntnisse über die Funktion des Organes und das Wesen der Ausfallserscheinungen rasch zunehmen. Dann wird wohl auch die Therapie des Koma Addisonicum in ein neues Stadium treten.

Koma bei Gehirnerkrankungen.

Eine weitere Gruppe von komatösen Zuständen entsteht durch eine primäre Erkrankung des Gehirns und der Gehirnhäute. Im Gegensatze hiezu war bei den bisher geschilderten Typen die Veränderung des Zentralnervensystemes stets eine sekundäre, wobei Erkrankungen der verschiedensten Organsysteme die auslösende Rolle spielten.

Wir wollen zunächst die Zirkulationsstörungen im Gehirn selbst besprechen. Hieher zählen schwere Anämie, Hyperämie, Ödem, Hämorrhagie, Embolie und Thrombose.

Die Anaemia cerebri führt zu gesteigerter Schläfrigkeit und zu Kopfschmerz. Der Kopfschmerz hat meistens einen dumpfen und drückenden Charakter und besitzt die für die Diagnose nicht unwichtige Eigentümlichkeit, auf Tieflagerung des Kopfes günstig anzusprechen. Gleichzeitig besteht meistens Schwindel und Ohrensausen. Nimmt die Blutarmut hohe Grade an, so kommt es häufig zu Ohnmacht oder zu Kollapsen. Naturgemäß kann diese Anämie verschiedener Genese sein: Perniziöse Blutarmut, Blutverluste, zur Kachexie führende Krankheiten, Chlorose, Hämolyse usw. Holler sah einen differentialdiagnostisch bemerkenswerten Fall, eine hämolytische Anämie mit Bewußtlosigkeit, bei welchem man zuerst wegen des vorhandenen Ikterus an ein Koma hepaticum gedacht hatte. Auch Gefäßkrämpfe im Gehirne, wie wir sie bei der Schilderung der Pseudourämie gestreift haben, bewirken wohl Anämisierung einzelner zerebraler Gebiete; doch sind diese Spasmen anscheinend nur selten so ausgedehnt, daß eine vollkommene Bewußtlosigkeit daraus resultiert. Auch die Lähmung der Vasomotoren und die Veränderung des Hämoglobins bei Kohlenoxydvergiftung stören die Sauerstoffversorgung des Gehirns. Weiters führen Kompression der Karotiden, sowie Verengungen des Gefäßlumens durch Mesaortitis luica oder Arteriosklerose letzten Endes zu Anämie des Gehirns und damit gelegentlich zu Bewußtlosigkeit von komaähnlichem Charakter. Interessant ist das Verhalten des Gehirns bei dekompensierter Aorteninsuffizienz. Das Blut fließt ja in den Arterien ungleichmäßig, in den Kapillaren fast kontinuierlich; das gleichmäßige Strömen des Blutes in den Haargefäßchen ist nötig, um eine genügende Sauerstoffabgabe an die Gewebe zu ermöglichen. Erreicht nun der Pulsus celer hohe Grade, so schlägt er die den Haargefäßen vorgelagerten physiologischen Sperren durch und das ruckartige Hin- und Herströmen des Blutes setzt sich bis in die Gewebe fort; dadurch werden die Oxydierungsvorgänge in den Zellen erschwert, es kommt zu Sauerstoffmangel der Organe. Solche Kranke trachten die lebensgefährliche Atmungsverschlechterung im Gehirn instinktiv in der Weise zu mildern, daß sie den Kopf nach rückwärts und unten lagern; dadurch entsteht eine leichte passive Stauung, das Blut bleibt länger im Organe und hat nun die Möglichkeit, seinen

Sauerstoff abzugeben. Bei diesen Kranken wechseln hochgradige Erregungszustände mit Zeiten von Bewußtlosigkeit.

In ähnlicher Weise wirkt **vermehrte Blutfülle im Gehirne** ungünstig auf die Gehirntätigkeit. Passive Hyperämie, wie sie durch Vitien, Mediastinaltumoren, Polyglobulie mit Stauung usw. zustande kommt, erzeugt gewöhnlich einen dumpfen Kopfschmerz, in höheren Graden Angstzustände mit depressiver Verstimmung. Daher verhält sich ein Kranker mit dekompensierter Mitralstenose psychisch ganz anders als ein im Gehirne anämischer Aortenkranker. Diese Form des Kopfschmerzes wird durch alle Faktoren verstärkt, welche den Blutabfluß aus dem Schädelraum verschlechtern; hieher zählen Bücken, Niesen, Husten, Tieflage des Kopfes usw. Nimmt die Stauung weiter zu und führt sie zu Ödem, so treten zeitweise Bewußtseinstrübungen, unter Umständen auch rasch in ihrer Lokalisation und ihrem Ausmaß wechselnde Herdsymptome, schließlich Koma mit Cheyne-Stokesschem Atmen auf.

Zirkulationsstörungen infolge aktiver Hyperämie haben klinisch einen ganz anderen Charakter als die durch passive Stauung bedingten. Zunächst ist bei der aktiven Hyperämie die — oft fleckige — Rötung des Gesichtes gegenüber der Zyanose bei Stase zu erwähnen. Weiters wechseln die Perioden aktiver Hyperämie des Gehirns gewöhnlich sehr rasch mit normalen oder anämischen Zeiten. Bald ist das Gesicht brennend heiß, die Patienten klagen über Wallungen, bald ist es wieder fahl und der Kranke empfindet Übelkeit, Augenflimmern und Schwäche. Auch ist die Hyperämie anscheinend manchmal nur an einzelnen Stellen des Gehirns ausgeprägt und zeigt so relativ scharf lokalisierte Beschwerden. Man erinnere sich des Krankheitsbildes der vasoparalytischen Migräne. Die aktive Hyperämie kann ebenfalls, wenn auch nicht häufig, zu Bewußtlosigkeit führen. Vor kurzem sahen wir einen typischen solchen Fall: Schon seit der Jugend bestand bei Erregungen ein heftiges Erythema pudicitiae; im Laufe der Jahre wurde der Erregungsablauf (im Bereiche des Ganglion cervicale superius?) immer mehr gebahnt, so daß immer kleinere psychische Insulte genügten, um eine vehemente Gefäßerweiterung im Bereiche des Kopfes, des Halses und der oberen Brust herbeizuführen; als der Patient nun an einer Erschöpfungsneurose erkrankte, führte die Hyperämie zu schweren Ohnmachtsanfällen.

Wechselnde Verengerung und Erweiterung der Hirnarterien ist unserer heutigen Auffassung nach auch für einen großen Teil der Fälle von Haemorrhagia cerebri bedeutungsvoll. Bei hochgradigem Krampf eines Gefäßes leidet anscheinend die Struktur der Wand, es kommt zu lokalen Nekrobiosen, ja zu totaler Nekrose. Öffnet sich nach gelöstem Spasmus dann wieder die Strombahn und dringt das Blut unter hohem Druck in das nunmehr weite Lumen, so kann die geschädigte Stelle dem Druck nachgeben und bersten. Die geschilderten Symptome von alternierender Anämie und Hyperämie des Gehirns finden sich daher nicht selten in der Anamnese der Apoplektiker. Hieher gehört wohl auch das präapoplektische Rotsehen, das vielleicht mit einer Erweiterung der Retinalgefäße in Beziehung steht.

In einer Anzahl von Fällen aber tritt der apoplektische Insult ohne alle Prodrome ein: Der Kranke stürzt bewußtlos zusammen, gewöhnlich nachdem eine Schädigung des Gefäßspiels unmittelbar vorangegangen war. Hieher zählen psychische Erregung, reichliche Mahlzeit, starker Husten, Niesen, Koitus. Die Stärke der Bewußtseinsstörung schwankt zwischen einem leichten Schwindelgefühl und dem schwersten Koma. Kleine Blutungen in die Brücke und in das Kleinhirn machen oft auffallend geringe Bewußtseinstrübungen (E. Guttmann). Bei einem schweren Insult ist das Gesicht gerötet, die Muskulatur schlaff, die Pupillen sind erweitert, Sehnenreflexe fehlen. Der Kranke atmet langsam und tief, bei Parese des Gaumensegels und Zurücksinken der Zunge röchelnd. Der Puls ist oft verlangsamt, nicht selten gespannt. Im Harne läßt sich Eiweiß und einige Zeit lang meistens auch Zucker nachweisen. Auf die verschiedenen Möglichkeiten, die Lokalisation der Blutung zu bestimmen, wollen wir hier nicht eingehen; so sehr sie von diagnostischem Interesse sind, so gering ist ihr therapeutischer Wert.

Die Differentialdiagnose einer Apoplexie gegenüber den epileptiformen Anfällen der Paralyse, der genuinen Epilepsie, den Tumoren des Gehirns wird manchmal große Schwierigkeiten bereiten und ohne Daten über die vorausgegangenen Erscheinungen und ohne längere Beobachtung des Kranken nicht selten unmöglich sein. Von Interesse ist die Unterscheidung zwischen Embolie, Thrombose und Blutung im Gehirne, die hier im Anschluß an die Zusammenstellung von Monakow geschildert sei. Eine E m b o l i e ist wahrscheinlich vorhanden, wenn der Patient relativ jung ist, einen Klappenfehler des Herzens aufweist, bereits Infarkte an anderen Organen hatte (hier ist manchmal eine Embolia ateriae centralis retinae ein Führer), hohes Fieber und Schüttelfrost hat (Endocarditis ulcerosa). Der Anfall setzt plötzlich ein, mit Blässe des Gesichtes, bei normalem oder unregelmäßigem, seltener verlangsamtem Puls; er wird gewöhnlich durch epileptiforme Zuckungen eingeleitet. Die Bewußtseinsstörung ist meistens tief. Die Thrombose ist oft durch Vorboten angezeigt; die Herderscheinungen setzen allmählich ein und sind nicht selten flüchtiger Art. Die Bewußtseinsstörung ist vielfach nicht sehr intensiv und nur selten von langer Dauer. Wiederholte Anfälle sind oft zu beobachten, Netzhautveränderungen auf der Basis einer Arteriosklerose häufig. Eine Hirnblutung ist zu diagnostizieren, wenn der Patient vorgerückten Alters ist und eine Hypertrophie des linken Ventrikels aufweist. Im Anschlusse an Hirnblutungen ist das Gesicht meistens gerötet, der Puls voll und hart, häufig langsam, die Atmung schnarchend. Die Temperatur sinkt unmittelbar nach dem Anfalle, steigt aber nach 24 Stunden gewöhnlich über die Norm. Die gelähmte Körperhälfte fühlt sich meistens kälter an als die normale. Die Blutung setzt, nachdem kaum Vorboten vorausgegangen waren, plötzlich mit stürmischen klinischen Erscheinungen ein. Das Koma dauert oft mehrere Tage lang; nur allmählich erwacht der Kranke wieder aus ihm. Dabei fehlen nunmehr nur selten die Zeichen motorischer Lähmungen oder Hemianopsie. Konvulsionen treten nicht häufig auf; am ehesten noch, wenn die Blutung in der Brücke sitzt.

Die Behandlung der genannten Störungen hat in den letzten Jahren keine grundsätzliche Verbesserung erfahren und erstreckt sich noch immer auf die allgemein bekannten Maßnahmen: Ruhe, Aderlaß bei Hochdruck, Vermeidung jeder Stauung im Kopf, Eisblasen auf den Kopf, nötigenfalls Hervorholen der Zunge bei schnarchender Atmung usw. Bei drohender Atemlähmung wären Lobelin (eine Originalampulle zu 0·003) und Euphyllin (ein Originalsuppositorium zu 0·36) zu versuchen. Da Lues nicht selten Hirnleiden der geschilderten Typen bedingt, untersuche man jeden derartigen Patienten genau auf das Vorhandensein einer Syphilis; es braucht nur darauf hingewiesen zu werden, daß durchschnittlich 10% der Kranken der Klinik Ortner (ebenso wie in dem kürzlich veröffentlichten Materiale H. Schlesingers) luetisch sind, um die Wichtigkeit dieser Analyse auch bei sogenannten unverdächtigen Fällen zu erkennen.

Hier wäre noch das Koma im Anschluß an Sonnenstich zu erwähnen, da sich hiebei die wesentlichsten Veränderungen ebenfalls im Gehirne abspielen, wobei eine Lähmung lebenswichtiger vasomotorischer und respiratorischer Funktionen eintreten kann. Nur selten kommt es bei Sonnenstich zu plötzlichem Zusammenstürzen; meistens gehen Mattigkeit, Kopfschmerz, Übelkeit usw. dem Bewußtseinsverluste voraus. Auch sind Fälle beschrieben, in denen sich zwischen den Prodromen und dem Koma ein Dämmerzustand einschob. Bemerkenswert sind die Beziehungen zwischen Malaria und übermäßiger Besonnung; einerseits kann sich aus dem Zusammentreffen der beiden Schädigungen der komatöse Typus der Malaria entwickeln, andererseits werden gelegentlich chronische Formen der Malaria durch die starke Besonnung wieder aktiviert. Erwähnenswert ist auch, daß besonders das Einschlafen in der Sonne gefährlich ist. Ob eine grundsätzliche Trennung zwischen Sonnenstich und Hitzschlag möglich ist, wird noch diskutiert.

Bei eingetretenem Sonnenstiche werden folgende Maßnahmen empfohlen: Lagerung im Kühlen, mit erhöhtem Kopfe und unter Vermeidung aller Erschütterungen; kühle Umschläge auf den Kopf sind angezeigt, auch Aderlaß wird wegen Bestandes von Hirn- und Lungenödem geraten. Manche Autoren empfehlen, eine Lumbalpunktion vorzunehmen, da der Liquordruck häufig erhöht ist. Gegen den Kollaps sind Adrenalin (subkutan 0·5 bis 1·0 von der gewöhnlichen Lösung 1:1000), Digitalis oder seine Präparate, sowie die übrigen Analeptica (Kampfer, Hexeton, Koffein, Coramin, Cardiazol) anzuwenden. Alkohol ist hingegen, wegen seiner Gefäßwirkung streng kontraindiziert. Man beobachte die Patienten nach dem Abklingen der akuten Erscheinungen noch längere Zeit äußerst sorgfältig, da mitunter eine Selbstmordneigung besteht.

Eine weitere Gruppe von Gehirnstörungen mit folgender Bewußtlosigkeit umfaßt die Encephalitiden. Wir haben eingangs unserer Besprechung bei der Differenzierung des Komas von schlafartigen Zuständen erwähnt, daß das Koma wohl auf einer diffusen, die schlafartigen Zustände dagegen auf herdförmigen Erkrankungen (des Schlafzentrums) beruhen. Es erscheint also bis zu einem gewissen Grade als Widerspruch, entzündliche, demnach in der Mehrzahl scharf umschriebene Prozesse des Gehirns, wenn sie Bewußtlosigkeit bedingen, ebenfalls unter den Ursachen eines echten Komas aufzuzählen. Das Bedenken hängt eng mit der Frage zusammen, ob das Bewußtsein Funktion einer bestimmten Stelle des Gehirns, eines „Bewußtseinszentrums" sei oder auf dem Erhaltensein einer Summe von Einzelfunktionen beruhe. Man hat ein derartiges Zentrum in der Nähe des IV. Ventrikels angenommen, doch sind unsere Kenntnisse darüber noch äußerst mangelhaft. Abgesehen von den praktischen Schwierigkeiten, die beiden Gruppen am Krankenbette scharf zu trennen, glauben wir die Entzündungen des Gehirns mit Bewußtseinsstörung auch deshalb nicht vom Koma abtrennen zu sollen, weil ja bei ihnen eine Beeinflussung des gesamten Gehirns (zum Beispiel durch Toxinwirkung) nicht ausgeschlossen werden kann. Hier sind zu erwähnen die progressive Paralyse, die Lues cerebri, der Gehirnabszeß, die Encephalitis lethargica, die multiple Sklerose, besonders in ihrer großinsulären Form.

Die Erkrankungen der Meningen schädigen ebenfalls oft das Großhirn und führen damit zu Bewußtseinsverlust. Hieher sind zu rechnen: Meningitiden durch Eitererreger verschiedener Art, besonders Meningokokken, durch Lues, Tuberkulose, Zystizerken; Hirnhauterkrankungen durch Alkohol, Blei; Blutungen verschiedener Lokalisation. Von den Blutungen seien nur der intermeningeale Typus und die Pachymeningitis haemorrhagica hervorgehoben. Dabei greift der Prozeß bald auf das Gehirn über (Meningoencephalitis), bald wieder verändert er dieses durch chemische oder mechanische Momente.

Schlußbemerkungen.

Aus der großen Zahl der im Verlaufe unserer Besprechungen erwähnten pathologischen Prozesse sieht man, daß der Bewußtseinsverlust ein ungemein häufiges Symptom ist; terminal tritt er sogar bei fast allen Erkrankungen auf; dadurch wird natürlich eine vollständige Aufzählung sämtlicher Grundleiden unmöglich, ja unnütz.

Wir müssen uns aber fragen, ob der Begriff „Koma" in der Literatur stets als identisch mit schwerer Bewußtseinsstörung angesehen wird. Da finden wir gelegentlich eine auffällig hohe Bewertung eines zweiten Symptoms, der Atmungsstörung. Manche Autoren sprechen auch bei erhaltenem Bewußtsein, aber gestörter Respiration von Koma. Bei schweren Enteritiden, bei Karzinomen finden sich derartige Schilderungen. In der letzten Zeit wurde dieser Atemtypus von Hofbauer als „Asthma carcinomatosum" bezüglich der dabei vorhandenen Respirationsmechanik genauer beschrieben. Unseres Erachtens empfiehlt es sich, derartige Krankheitsphasen zwecks einer einheitlichen Nomenklatur höchstens als Präkoma zu bezeichnen.

Am Schlusse wollen wir noch kurz der Frage nahetreten, wie sich der Liquor cerebrospinalis bei den verschiedenen Komaformen verhält. K. Lange hat diesbezüglich ausführliche Untersuchungen angestellt und ist zur Überzeugung gekommen, daß die Rückenmarksflüssigkeit wohl charakteristische Veränderungen zeige, daß dieser Ausschlag aber im Vergleiche zu den gleichzeitigen Blutveränderungen nur einen geringen differentialdiagnostischen Wert hat. So findet man im Liquor bei Alkoholvergiftung Alkohol, bei Koma diabeticum Zuckervermehrung und Azeton, bei renaler Bewußtlosigkeit Zunahme des Harnstoffs, bei Leberinsuffizienz Gallenfarbstoff. Der Blutgehalt des Liquors bei vielen Apoplexien ist bekannt. Bei der Epilepsie ist die Flüssigkeit normal, nur der Zuckergehalt ein wenig erhöht. Bei der eklamptischen Urämie und bei der Eklampsie findet man die Milchsäure im Liquor vermehrt, offenbar als Folge der starken Muskeltätigkeit. Lange vermutet, daß diese Substanz wieder ihrerseits zu Hirnquellung führt, also auch an der Genese des Komas ursächlich beteiligt sei.

Sachverzeichnis.

Adam-Stokes 9
Addisonsches Koma 36
Akute Urämie 24
Alkoholische Leberzirrhose . . 19
Alkoholrausch 6
Anaemia cerebri 38
Ansäuerung des Organismus . 8
Asthma uraemicum 23
Avitaminosen 2

Bedingungen für das Entstehen
  eines Komas 3
Blausäure 6
Bleikolorit 8
Bleisaum 8
Bleivergiftung 7
Bluttransfusion 29
Blutung im Gehirne 41

Cheyne-Stokes 32
Chloroform 6
Chromsäurevergiftung 8
Coagulen 20
Cyan 6

Dämmerzustand 2
Diabetisches Koma 31
Dysenterie 16

Echte Urämie 22
Economo 2
Eklamptische Urämie . . . 24
Elias 36
Embolie 40
Endogene Vergiftungen . . . 5
Entstehen eines Komas . . . 3
Enzephalitis 1, 42
— lethargica 2
Erdgeruch bei Leberkoma . . 17
Euphyllin 41
Exogene Vergiftungen 4

Gehirnanämie 38
Gehirnblutung 41
Gehirnerkrankungen 37
Glykogennephrose 33

Hepatargie 17
Hirnblutung 41
Hyperaemia cerebri 39
Hypoglykämie 36

Infektion und Koma 14
Insulin 35
Interrenin 37

Katatoner Symptomenkomplex . 2
Kohlenoxydvergiftung 13
Kollaps 10
Koma 1, 3
— Addisonicum 36
— bei Gehirnerkrankungen . . 37
— diabeticum 31
— durch endogene Vergiftungen 5
— durch exogene Vergiftungen 4
— durch Infektionen 14
— durch Kohlenoxydvergiftung 13
— durch Zirkulationsstörungen
    8, 38
— hepaticum 17
— uraemicum 21
Komazylinder 35
Külbs 35
Kußmaulsche Atmung 32

Leberkoma 17
Leberzirrhose 19
Lethargie 3
Liquor cerebrospinalis 44
Lobelin 41
Lues 18

Malaria comatosa 16
— tropica 16
Meningitis 16
Miliartuberkulose 16
Morgagni 9
Myxödem 2

Noorden 11

Paratyphus 15
Phosphorvergiftung 19

Postepileptischer Zustand	2	Stupor	2
Präagonales Koma	10	Sublimatvergiftung	7
Pseudourämie	20	Thrombose	41
Purostrophanthin	20	Thyreoidea	2
Rausch	2, 6	Tierkohle	19
Rubeose	11	Traubenzucker	20, 28
Salvarsan	19	Trypanosomiasis	16
Salzsäurevergiftung	8	Typhus abdominalis	14
Schlaf	1	— exanthematicus	15
Schlafmittel	4	**Urämie**	20
Schwangerschaft	19	— echte	22
Somnolenz	1	— eklamptische	24
Sonnenstich	42	Urämisches Koma	21
Sopor	1		
Strophanthin	20	Zirkulationsstörungen	8, 38
Stryphnon	20	Zyan	6

MIX
Papier aus verantwortungsvollen Quellen
Paper from responsible sources
FSC® C105338

If you have any concerns about our products,
you can contact us on
ProductSafety@springernature.com

In case Publisher is established outside the EU,
the EU authorized representative is:
**Springer Nature Customer Service Center GmbH
Europaplatz 3, 69115 Heidelberg, Germany**

Printed by Libri Plureos GmbH
in Hamburg, Germany